300余款超人气饮品的专业配方

YINPIN DASHI

Best

饮品大师

咖啡·茶饮
冰沙和蔬果汁

杨海铨 著

中国纺织出版社有限公司
国家一级出版社
全国百佳图书出版单位

图书在版编目（CIP）数据

饮品大师：咖啡茶饮冰沙和蔬果汁 / 杨海铨著. --
北京：中国纺织出版社有限公司，2019.9（2025.1重印）
ISBN 978-7-5180-6258-4

Ⅰ.①饮… Ⅱ.①杨… Ⅲ.①饮料－制作 Ⅳ.
①TS27
中国版本图书馆CIP数据核字（2019）第103483号

原书名：开家赚钱的手摇饮料店
作者：杨海铨
本书中文简体出版权由邦联文化事业有限公司授权，同意由中国纺织出版社
有限公司出版中文简体字版本。非经书面同意，不得以任何形式任意重制、
转载。
著作权合同登记号：图字：01-2019-0562

责任编辑：舒文慧　　　特约编辑：吕　倩　　　责任校对：王花妮
版式设计：水长流文化　　责任印制：王艳丽

中国纺织出版社有限公司出版发行
地址：北京市朝阳区百子湾东里A407号楼　邮政编码：100124
销售电话：010—67004422　传真：010—87155801
http://www.c-textilep.com
E-mail：faxing@c-textilep.com
中国纺织出版社天猫旗舰店
官方微博http://weibo.com/2119887771
北京通天印刷有限责任公司印刷　各地新华书店经销
2019年9月第1版　2025年1月第8次印刷
开本：787×1092　1/16　印张：9
字数：181千字　定价：58.00元

目录 Contents

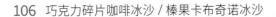

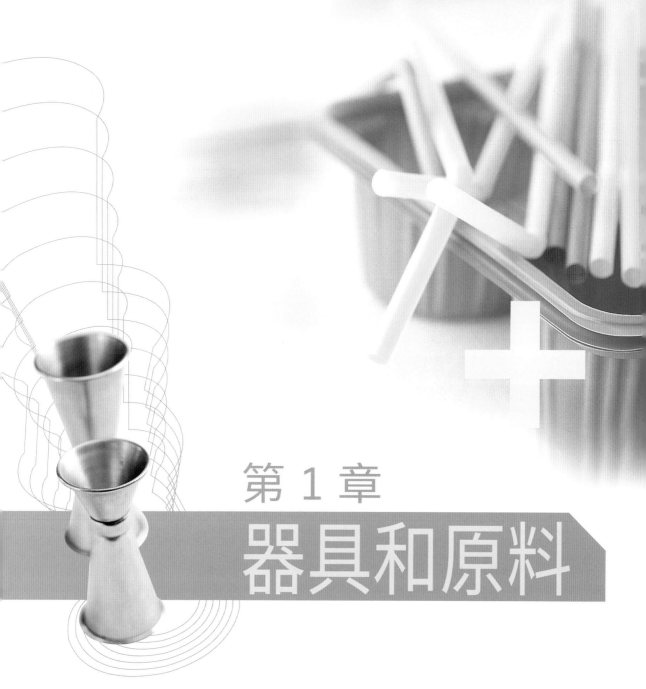

第1章
器具和原料

这一部分介绍了制作饮品常用的器具、茶叶、调味糖浆、冷冻水果原汁、配料等，是不可或缺的专业知识。

器具和原料

滤网、大勺子
◇ 外形尺寸：
滤网直径30厘米，长57厘米
大勺子直径12厘米，长47厘米
◇ 说明：滤网在捞取煮熟的珍珠时使用；大勺子因柄长，可用来搅拌整桶的饮料。

过滤盆
◇ 外形尺寸：直径49厘米，高15厘米
◇ 说明：有极细的网洞，是洗珍珠的专用滤水盆。

滤茶器
◇ 外形尺寸：直径13厘米，高10厘米
◇ 说明：盛装散茶茶叶后放入热开水中浸泡，可减少捞除茶叶的麻烦。

茶勺
◇ 规格：直径18厘米，高15厘米
◇ 说明：制作大量基底茶时，用来量取水和砂糖。

调理壶
◇ 规格：400毫升
◇ 说明：用于分装浓缩汁，有注水口，方便量取，不会到处滴落。

双头量杯（盎司杯）
◇ 规格：15毫升/30毫升，30毫升/45毫升
◇ 说明：测量浓缩汁、糖浆体积的工具。

摇酒器
◇ 规格：530毫升（中），730毫升（大）
◇ 说明：可将材料充分混合均匀，并使其产生泡沫，让饮品更美味。

量匙、吧叉匙
◇ 规格：长21.5厘米或26厘米或32厘米
◇ 说明：量匙用来量取咖啡豆、奶精粉等粉类材料；吧叉匙用来搅拌溶解材料。

冰激凌勺、珍珠网勺

◇ 规格：挖勺直径5厘米（14#），深6.5厘米，长30厘米

◇ 说明：冰激凌勺活动弹簧带动半圆形钢片的设计，可使挖取的冰激凌容易取出，勿长时间浸泡于水中，以免表面氧化产生黑斑。珍珠网勺即为涮锅时使用的漏网，捞取珍珠时可滤除多余水分。

50毫升小量杯

500毫升量杯

2000毫升大量杯

耐热塑料量杯

◇ 规格：50毫升，500毫升，2000毫升

◇ 说明：量取液体类使用，少量的如果糖、调味糖浆等用50毫升的量杯；取较多量饮料或煮茶时则依需要使用符合尺寸的量杯。

冰铲

◇ 规格：950毫升

◇ 说明：塑料制品，耐撞不易断裂，耐冷温度-40℃，即使长时间放置于冷藏柜中，握取舀冰块时也不会冻伤手。

不锈钢长勺

◇ 规格：400毫升

◇ 说明：用于舀取调制好的装于桶内的红茶、奶茶、绿豆沙等饮品，勺子设计便于悬挂。

吸管桶

◇ 规格：直径14厘米

◇ 说明：盛装吸管。

糖浆瓶压嘴

◇ 说明：安装于玻璃瓶装的糖浆瓶上，调制500毫升饮料时，压2～3次，每次约10毫升。

奶泡钢杯

◇ 规格：750毫升（大），500毫升（小）

◇ 说明：不锈钢制，以下宽上窄、尖嘴出口的造型最佳。使用时将意式咖啡机喷杆伸至钢杯底部，利用蒸汽使钢杯里的牛奶旋转，打出均匀的奶泡。

↘茶叶&茶包

阿萨姆红茶

◇成分：阿萨姆红茶
◇应用：红茶、奶茶、各式调味茶

奶茶专用红茶

◇成分：红茶茶叶
◇应用：大桶奶茶

伯爵红茶

◇成分：红茶、
佛手柑香料
◇应用：红茶、奶茶

特等绿茶
◇成分：绿茶茶叶、香料
◇应用：绿茶、奶茶、各式调味茶

炭焙乌龙茶（铁观音）

◇成分：乌龙茶茶叶
◇应用：炭焙乌龙茶、
奶茶、各式调味茶

咖啡红茶（茶包）
◇成分：红茶茶叶、决明子、香草粉、香料
◇应用：红茶、奶茶、各式调味茶

绿茶（茶包）

◇成分：绿茶茶叶
◇应用：绿茶、奶茶、各式调味茶

麦香红茶（茶包）

◇成分：红茶、麦子、
决明子、香料
◇应用：红茶、奶茶、
各式调味茶

乌龙绿茶

◇成分：乌龙绿茶
◇应用：乌龙绿茶

日月青茶

◇成分：青茶
◇应用：各式调味茶及奶茶

南非国宝茶（茶叶）

◇成分：南非国宝茶
◇应用：南非国宝茶、南非国
宝拿铁、南非国宝柠檬冰茶

日式玄米煎茶（茶包）

◇成分：煎茶、玄米
◇应用：日式玄米煎茶

洋甘菊柚子绿茶（茶包）

◇成分：绿茶、矢车菊、洋甘
菊、柚子皮、佛手柑
◇应用：洋甘菊香柚水果冰茶

蝶豆花

◇成分：蝶豆花
◇应用：蝶豆花茶、蝶豆花的
各式调味茶、气泡饮

↘ 调味糖浆类

主要用在调味红茶、奶茶、冰沙及气泡饮
等产品上。

甘蔗调味糖浆

◇ 成分：高果糖糖浆、
二砂糖、水、甘蔗浓
缩汁、香料等

◇ 应用：甘蔗青茶、甘蔗柠檬
茶、甘蔗拿铁、姜汁甘蔗

芒果调味糖浆

◇ 成分：高果糖糖
浆、水、芒果汁、
砂糖、食用色素等

◇ 应用：芒果多多绿茶、芒果
多多冰沙

荔枝调味糖浆

◇ 成分：高果糖糖浆、
水、荔枝浓缩汁、
香料等

◇ 应用：特调水果茶、荔枝红茶

菠萝调味糖浆

◇ 成分：高果糖糖浆、
水、菠萝果肉、砂糖、
香料等

◇ 应用：菠萝多多绿茶、菠萝冰
茶、菠萝香柚冰沙、菠萝气泡饮

百香果调味糖浆

◇ 成分：高果糖糖浆、
水、百香果浓缩汁、
砂糖、香料等

◇ 应用：百香绿茶、特调水果茶、百
香双享配、百香冬瓜、百香冰沙、
百香绿茶冻饮

蓝莓调味糖浆

◇ 成分：高果糖糖浆、
水、蓝莓果肉、砂糖、
香料、食用色素等

◇ 应用：蓝莓冰沙、综合莓果
冰沙、蓝莓冰沙、蓝莓气泡饮

青苹果调味糖浆

◇成分：高果糖糖
　浆、水、砂糖、苹果
　浓缩汁、香料、食用色素等
◇应用：情人果冰沙、青苹果多多冰沙、
　青苹果气泡饮

柠檬调味糖浆

◇成分：高果糖糖浆、水、柠檬
　酸、砂糖、柠檬浓缩汁等
◇应用：柠檬气泡饮

柳橙调味糖浆

◇成分：高果糖糖
　浆、水、柠檬酸、
　砂糖、柳橙果肉等
◇应用：柳橙气泡饮

草莓调味糖浆

◇成分：高果糖糖浆、草
　莓果肉、水、砂糖、食
　用色素等
◇应用：草莓冰沙、草莓
　酸奶冰沙

12

水蜜桃调味糖浆

◇成分：高果糖糖浆、
　水、水蜜桃浓缩汁、砂糖、
　食用色素等
◇应用：水蜜桃红茶冻饮、水蜜桃绿
　茶冻饮、水蜜桃气泡饮

桑葚调味糖浆

◇成分：高果糖
　糖浆、水、桑葚果
　肉、砂糖、食用色素等
◇应用：桑葚多多冰沙

乌梅调味糖浆

◇成分：果糖、乌梅汁、
　甜味剂、食用色素等
◇应用：乌梅冰沙、乌梅
　多多冰沙、乌梅气泡饮

冬瓜调味糖浆

◇成分：高果糖糖浆、
　冬瓜蜜、焦糖色素、
　香料等
◇应用：冬瓜茶、冬瓜口味
　饮品

↘ 浓缩汁&酱料

玫瑰花酿调味糖浆
◇ 成分：果糖、水、蔗糖、食用色素等
◇ 应用：各式玫瑰口味的饮品

桂花风味糖浆
◇ 成分：水贻、水、香料、焦糖色素等
◇ 应用：桂花乌龙冻饮、桂花蜜茶

桂圆茶
◇ 成分：砂糖、麦芽糖、水、桂圆肉、香料等
◇ 应用：姜汁桂圆

脆梅汁
◇ 成分：青梅酿造汁、砂糖、盐、防腐剂
◇ 应用：脆梅绿茶

苹果汁
◇ 成分：苹果原汁
◇ 应用：草莓酸奶、综合莓酸奶

乳酸菌饮料（养乐多）
◇ 成分：蔗糖、水、奶粉、乳酸、香料、乳酸菌等
◇ 应用：各种口味的多多冰沙、养乐多蝶豆花饮、紫色梦幻、橙香乳酸芦荟饮、柠檬乳酸芦荟饮

仙草汁
◇ 成分：水、仙草干、无水碳酸钠
◇ 应用：仙草蜜茶

百香果粒
◇ 成分：果糖、砂糖、百香果、水、果胶、香料等
◇ 应用：百香果冰沙

草莓颗粒
◇ 成分：草莓鲜果、砂糖、果糖、柠檬酸、水、果胶等
◇ 应用：草莓冰沙

桑葚酱
◇ 成分：砂糖、桑葚果、果糖、水、果胶等
◇ 应用：桑葚冰沙

情人果酱
◇ 成分：砂糖、芒果青、水、麦芽糖、柠檬酸等
◇ 应用：情人果冰沙

乌梅酱
◇ 成分：砂糖、水、乌梅胚、柠檬酸、果胶等
◇ 应用：乌梅口味饮品

巧克力酱
◇ 成分：玉米糖浆、水、糖、可可、食用香料、盐
◇ 应用：冰摩卡奇诺咖啡

苹果茶
◇ 成分：生苹果、寡糖、蜂蜜、苹果酸、维生素C、苹果香料
◇ 应用：韩式苹果红茶、苹果冰茶

韩国柚子茶
◇ 成分：香柚、砂糖、果糖、蜂蜜、维生素C等
◇ 应用：洋甘菊香柚水果冰茶、韩式香柚绿

↘ 糖浆类

注：进口的糖浆也可称果露。

薰衣草果露
◇ 成分：蔗糖、水、天然香料、食用诱惑红、食用亮蓝
◇ 应用：薰衣草口味的饮品

玫瑰风味果露
◇ 成分：蔗糖、水、天然香料、柠檬酸、食用诱惑红
◇ 应用：玫瑰口味的饮品

绿薄荷果露
◇ 成分：蔗糖、水、天然薄荷香料、食用柠檬黄、食用亮蓝
◇ 应用：翡翠奶昔

蓝柑橘风味果露
◇ 成分：蔗糖、水、天然香料、食用亮蓝
◇ 应用：蓝柑橘云朵冰沙、蓝柑橘气泡饮

猕猴桃果露
◇ 成分：蔗糖、水、猕猴桃浓缩汁10%、香料、食用柠檬黄、食用亮蓝等
◇ 应用：猕猴桃菠萝云朵冰沙、猕猴桃气泡饮

红橙果露
◇ 成分：蔗糖、水、红橙浓缩汁7%、香料、天然香料、食用诱惑红等
◇ 应用：红橙云朵冰沙

覆盆子果露
◇ 成分：蔗糖、水、覆盆子浓缩汁10%、接骨木莓浓缩汁、天然香料、食用诱惑红
◇ 应用：覆盆子气泡饮、紫色梦幻

荔枝果露
◇ 成分：蔗糖、水、荔枝浓缩汁10%、柠檬酸、香料、食用诱惑红
◇ 应用：水果气泡饮、特调蛋蜜汁

提拉米苏风味果露
◇ 成分：蔗糖、水、香料、
焦糖色素、天然香料
◇ 应用：提拉米苏咖啡冰沙

牛轧糖风味果露
◇ 成分：蔗糖、水、香料、
柠檬酸、天然香料、β-胡萝
卜素等
◇ 应用：独爱牛轧糖

爆米花风味果露
◇ 成分：蔗糖、水、香
料、天然香料
◇ 应用：黑米花玛奇朵

柚子柠檬果露
◇ 成分：蔗糖、水、柚子汁
4%、柠檬浓缩汁3%、柠檬
酸、天然香料
◇ 应用：柚子柠檬气泡饮

香草果露
◇ 成分：蔗糖、水、香料、焦
糖色素、天然香草香料
◇ 应用：香草咖啡冰沙、热香
草拿铁咖啡

焦糖风味果露
◇ 成分：蔗糖、水、香料、柠
檬酸、焦糖色素
◇ 应用：焦糖口味咖啡

草莓果露
◇ 成分：蔗糖、
水、草莓浓缩汁10%、接骨木莓
浓缩汁、香料、食用诱惑红
◇ 应用：英式草莓拿铁咖啡

肉桂果露
◇ 成分：蔗糖、水、焦糖色
素、天然肉桂香料
◇ 应用：肉桂卡布

海盐焦糖风味果露
◇ 成分：蔗糖、水、盐、天然
香料、柠檬酸、焦糖色素
◇ 应用：海盐焦糖咖啡冰沙

↘ 冷冻水果原汁

柠檬原汁
◇ 成分：柠檬原汁
◇ 应用：各式调味茶、蔬果汁、冰沙

百香果原汁（加果粒）
◇ 成分：百香果原汁、百香果果粒
◇ 应用：百香双享配、百香爱玉

柳橙原汁
◇ 成分：柳橙原汁、柳橙果肉
◇ 应用：柳橙绿茶、特调水果茶、百香果冰沙及果汁类

金橘原汁
◇ 成分：金橘原汁
◇ 应用：金橘柠檬绿茶、黑糖金橘、橘香冬瓜、烧橘茶

葡萄柚原汁
◇ 成分：葡萄柚原汁、柳橙果肉
◇ 应用：葡萄柚口味各式饮品

↘ 烹煮成品

花生仁
◇ 成分：水、脱皮花生
◇ 应用：薏仁花生鲜奶、花生牛奶冰沙

蜜绿豆
◇ 成分：水、绿豆、砂糖
◇ 应用：绿豆沙鲜奶露、绿豆沙、绿豆牛奶冰沙

蜜红豆
◇ 成分：水、红豆、砂糖
◇ 应用：红豆沙鲜奶露、红豆牛奶冰沙、日式抹茶奶霜冰沙

蜜芋头
◇ 成分：水、芋头、砂糖
◇ 应用：芋头牛奶、芋头西米露、芋头冰沙

配料

椰果（原味）
◇ 成分：椰果条、水、高果糖糖浆、砂糖、柠檬酸、防腐剂、玉米糖胶等
◇ 应用：各式调味茶、奶茶、冰沙都可添加

椰果－菠萝（条状）
◇ 成分：椰果条、高果糖糖浆、水、柠檬酸、防腐剂等
◇ 应用：各式调味茶、奶茶、冰沙都可添加

椰果－葡萄
◇ 成分：椰果、蔗糖、水、防腐剂、香料、柠檬酸、食用色素等
◇ 应用：各式调味茶、奶茶、冰沙都可添加

椰果－青苹果
◇ 成分：椰果条、高果糖糖浆、水、砂糖、香料等
◇ 应用：各式调味茶、奶茶、冰沙都可添加

彩虹Q水晶
◇ 成分：水、高果糖糖浆、鹿角菜胶、香料、防腐剂等
◇ 应用：各式调味茶、奶茶、冰沙都可添加

黑砖块水晶
◇ 成分：水、特级砂糖、麦芽糖、焦糖色素粉、鹿角菜胶、香料等
◇ 应用：各式调味茶、奶茶、冰沙都可添加

蜂蜜芦荟
◇ 成分：芦荟、水、砂糖、蜂蜜、柠檬酸
◇ 应用：各式调味茶、奶茶都可添加

奶冻专用仙草液
◇ 成分：水、仙草干、无水碳酸钠、苹果酸
◇ 应用：鲜奶仙草冻

脆梅粒
◇成分：青梅、砂糖、水、食盐、柠檬酸、氯化钙等
◇应用：脆梅绿茶

话梅（白）
◇成分：青梅、盐、糖
◇应用：脆梅绿茶、金橘柠檬绿茶、烧橘茶、话梅红茶、话梅绿茶

真空包珍珠
◇成分：木薯淀粉、水、焦糖色素
◇应用：需要加珍珠的红茶、绿茶、奶茶、各式调味茶

黑珍珠
◇成分：树薯淀粉、水、焦糖色素
◇应用：需要加珍珠的红茶、绿茶、奶茶、各式调味茶

白珍珠
◇成分：木薯淀粉、水、三仙胶等
◇应用：需要加珍珠的红茶、绿茶、奶茶、各式调味茶

黄金珍珠
◇成分：树薯淀粉、水、防腐剂、焦糖色素、香料等
◇应用：需要加珍珠的红茶、绿茶、奶茶、各式调味茶

草莓珍珠
◇成分：树薯淀粉、水、防腐剂、食用色素（诱惑红）、香料等
◇应用：需要加珍珠的红茶、绿茶、奶茶、各式调味茶

猕猴桃珍珠
◇成分：树薯淀粉、水、食用色素（柠檬黄、亮蓝）、防腐剂、香料等
◇应用：需要加珍珠的红茶、绿茶、奶茶、各式调味茶

爆爆珠（百香果）
◇成分：水、果糖、百香果原汁、淀粉、香料、食用色素等
◇应用：各式调味茶、奶茶都可添加

爆爆珠（草莓）

◇成分：水、果糖、草莓汁、淀粉、香料、食用色素等
◇应用：各式调味茶、奶茶都可添加

爆爆珠（青苹果）

◇成分：水、果糖、青苹果汁、淀粉、香料、食用色素等
◇应用：各式调味茶、奶茶都可添加

爆爆珠（荔枝）

◇成分：水、果糖、荔枝汁、淀粉、香料等
◇应用：各式调味茶、奶茶都可添加

罗勒籽

◇成分：罗勒籽
◇应用：黑糖金橘茶、柠檬炸弹、橘香冬瓜

奇亚籽

◇成分：鼠尾草种子
◇应用：黑糖金橘茶、柠檬炸弹、橘香冬瓜

↘ 糖类

果糖

◇成分：糖（果糖、葡萄糖、其他糖）、水
◇应用：各式饮料

黄金熬糖

◇成分：红砂糖、果糖、水、麦芽糖、甜味剂等
◇应用：各式饮料

黑砂糖糖浆

◇成分：砂糖、水、黑糖、食用天然香料
◇应用：黑糖口味调味茶和奶茶

古早味手工炒糖

◇成分：砂糖、水
◇应用：糖心蜜红茶、糖心蜜绿茶、糖心蜜乌龙茶

龙眼蜂蜜

◇成分：果糖、蜂蜜、焦糖色素、香料
◇应用：蜂蜜口味调味茶、果粒茶、牛奶香蕉酸奶、果露气泡饮、特调蛋蜜汁、芬兰汁

↘粉类

AA一级棒奶精

◇ 成分：葡萄糖浆、完全氢化棕榈仁油、乳清粉、干酪素钠等
◇ 应用：各式特调奶茶

雪泡奶精

◇ 成分：奶精、葡萄糖、果胶、二氧化硅等
◇ 应用：各式果汁气泡饮

宇治抹茶粉

◇ 成分：葡萄糖、抹茶粉
◇ 应用：宇治金时、抹茶拿铁

即溶咖啡粉

◇ 成分：咖啡粉
◇ 应用：鸳鸯奶茶、各式冰咖啡、各式热咖啡

纯可可粉

◇ 成分：纯可可粉
◇ 应用：约克夏可可香茶、咖啡冰沙装饰

细胚芽

◇ 成分：小麦胚芽
◇ 应用：胚芽奶茶

粗胚芽

◇ 成分：小麦胚芽
◇ 应用：胚芽奶茶

原味沙冰粉

◇ 成分：葡萄糖、羧甲基纤维素钠、刺槐豆胶
◇ 应用：除咖啡口味外的冰沙

摩卡基诺冰沙粉

◇ 成分：咖啡粉、可可粉、冰沙粉、细砂糖等
◇ 应用：各式咖啡口味的冰沙

芋香粉

◇ 成分：葡萄糖、奶精、麦芽糊精、芋头粉、香料等
◇ 应用：芋香奶茶

紫薯粉

◇ 成分：100%紫薯
◇ 应用：紫薯奶茶、紫薯拿铁

22

杏仁调味粉

◇ 成分：杏仁粉（葡萄糖、杏仁、香料）、奶精等
◇ 应用：杏仁奶茶

姜母粉

◇ 成分：姜母粉、砂糖、葡萄糖
◇ 应用：各式口味的姜品饮料

奶盖粉

◇ 成分：奶精粉、食盐、酪蛋白钠、罗望子胶等
◇ 应用：玫瑰盐奶盖红茶、玫瑰盐奶盖绿茶、玫瑰盐奶盖青茶

香草粉

◇ 成分：糖、奶精、脱脂奶粉、香料、香草粉、香草豆籽等
◇ 应用：乳霜、云朵冰沙系列、奶昔

布丁粉&果冻粉

鸡蛋风味布丁粉

◇ 成分：砂糖、奶精、全脂奶粉、布丁胶、香料等

◇ 应用：布丁类饮品

鲜奶风味布丁粉

◇ 成分：砂糖、奶精、全脂奶粉、布丁胶、香料等

◇ 应用：牛奶布丁

巧克力风味布丁粉

◇ 成分：砂糖、奶精、葡萄糖、全脂奶粉、可可粉、布丁胶等

◇ 应用：巧克力布丁

23

爱玉冻粉

◇ 成分：葡萄糖、植物胶、食用焦糖色素等

◇ 应用：爱玉冻

咖啡冻粉

◇ 成分：砂糖、葡萄糖、咖啡粉、果冻胶等

◇ 应用：咖啡冻

绿茶冻粉

◇ 成分：砂糖、葡萄糖、果冻胶、香料、绿茶粉等

◇ 应用：绿茶冻

原味冻粉

◇ 成分：葡萄糖、果冻胶等

◇ 应用：各式水果冻

↘ 其他类

甜麦仁（韩国）
◇ 成分：小麦、植物油、糖、麦芽糖浆、寡糖等
◇ 应用：红茶珍珠拿铁

奥利奥饼干
◇ 成分：面粉、砂糖、棕榈油、可可粉、果糖糖胶等
◇ 应用：巧酥冰沙、海盐焦糖咖啡冰沙

冬瓜糖砖
◇ 成分：冬瓜、砂糖
◇ 应用：冬瓜茶、冬瓜口味饮品

冷冻综合莓果
◇ 成分：有机蓝莓、有机黑莓、有机覆盆子
◇ 应用：蔬果汁、综合莓酸奶

24

小布丁
◇ 成分：鸡蛋、果胶、天然香料等
◇ 应用：布丁口味饮品

炼乳
◇ 成分：生乳、全脂奶粉、砂糖等
◇ 应用：芬兰汁、鸳鸯奶茶、布丁鲜奶、南瓜牛奶、特调冰咖啡、特调热咖啡

原味酸奶
◇ 成分：水、脱脂奶粉、蔗糖、全脂奶粉、牛奶蛋白等
◇ 应用：鲜奶茶类、鲜奶饮品、蔬果汁

鲜奶
◇ 成分：天然鲜奶
◇ 应用：鲜奶茶类、鲜奶饮品、蔬果汁

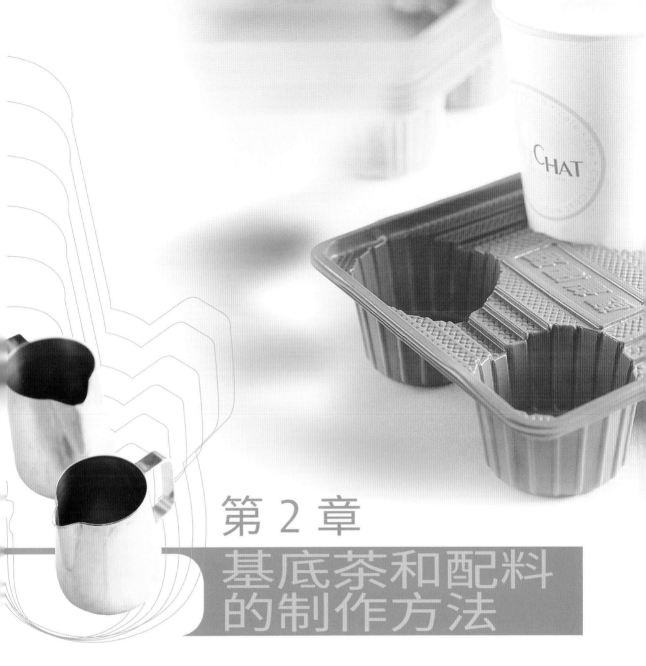

第 2 章
基底茶和配料的制作方法

本章介绍了奶茶、咖啡等饮品中需要用到的基底茶和配料的制作方法、意式浓缩咖啡的知识和流行的饮料装饰手法等。

方法1 手工浸泡法

浸泡法是以手工方式冲泡茶，适用于所有茶种，只有茶叶、泡茶的时间和水温略有不同，以红茶为例。

温馨提示
做法4打开锅盖30秒，千万不要搅拌，否则会出现涩味。

材料

红茶茶叶 ---------------- 100克
水 ---------------------- 4000毫升

做法

1 取茶叶称出所需的重量（图1）。

2 将水用大火煮沸后熄火，等待水温降至95℃（用温度计确认温度，图2）。

3 用打蛋器搅拌制造出漩涡，倒入做法1的茶叶，盖上锅盖闷泡（图3至图5）。

4 计时15分钟，至8分钟打开锅盖30秒，再盖上锅盖继续闷泡至时间到（图6）。

5 将滤网放在保温桶上，倒入做法4的热红茶（图7）。

6 移除滤网，茶叶可丢弃（图8）。

7 让滤出的红茶晾30秒，盖上保温桶的盖子即可（图9）。

泡茶前一定要知道的常识

泡茶的水温、时间

茶可以分成红茶（全发酵）、乌龙茶（半发酵）、绿茶（未发酵）三大类别，用浸泡法泡各有不同的温度和浸泡时间；只要属于同类的茶种就用相同的方式泡茶。

● **红茶**
水温95℃，浸泡15分钟，阿萨姆、锡兰、伯爵茶等红茶类都用相同的原则。

● **乌龙茶**
水温85℃，浸泡10分钟，铁观音、四季春茶、金萱茶和文山包种茶都属于乌龙茶类。

● **绿茶**
水温75℃，浸泡6~7分钟，流行的青茶也属于绿茶类，泡茶的温度不能太高，否则会破坏绿茶中的儿茶素。

茶叶和水的比例

茶叶和水的比例都是1:40，但用在调味茶时，要降低茶味，凸显搭配物的味道，茶汤的比例变成1:50，可加些水稀释，也不用泡过多的茶叶。

Tips

❶ 泡茶用的热水，建议煮完一大锅水再量4000毫升，因为先量好4000毫升水再煮沸会有耗损。若是泡乌龙茶或绿茶可加入冰块，让水温快速降温。

❷ 倒入茶叶前，用打蛋器搅拌制造出漩涡，可避免茶叶浸泡出现茶碱，产生涩味。

方法2 闷煮法

闷煮法泡出的茶味道较浓郁，可用在鲜奶茶或奶茶系列饮品中，适用于红茶、炭焙乌龙（或称铁观音）等发酵程度高的茶叶。

材料

炭焙乌龙茶茶叶 ---------- 100克
水 --------------------- 4000毫升

做法

1 将水以大火煮沸，放入冰块让水温降至85℃（用温度计确认温度，图1）。

2 用打蛋器搅拌制造出漩涡，倒入茶叶（图2、图3）。

3 转中小火后，盖上锅盖，开始计时7分钟，熄火，闷8分钟（图4）。

4 将滤网放在保温桶上，倒入做法3的茶，移除滤网，茶叶可丢弃（图5、图6）。

大桶奶茶

用两种茶叶混搭，让泡出来的红茶味道浓郁、层次丰富。

材料

A 奶茶专用红茶叶90克、伯爵茶叶10克、水4000毫升

B 炼乳100克、细砂糖200克、蜂蜜100克、奶精粉600克

做法

1 将水以大火煮沸后，用打蛋器搅拌制造出漩涡，倒入茶叶（图1、图2）。

2 转中小火后，盖上锅盖，计时10分钟，熄火，闷5分钟，滤掉茶叶即可（图3）。

3 将全部材料B依序放入容器中（图4）。

4 将法兰绒布放在三角冲架上后，用长尾夹固定，放在做法3的容器上（图5）。

5 倒入煮好的红茶，过滤茶叶（图6）。

6 用打蛋器搅拌至混合，倒入保温桶中保温（图7、图8）。

温馨提示

1 法兰绒布在第一次使用前，要先放入热水中煮3~5分钟漂洗去浆再使用，才不会因产生油耗味而影响茶的风味；而每次使用完毕后须用大量清水充分洗净，放于通风处晾干。

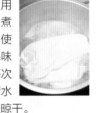

2 制作冰奶茶时，先取500毫升/700毫升的杯子，将满杯冰块装入摇酒器中，加入200毫升/250毫升奶茶，摇匀，倒入杯中，盖上杯盖（或封口）即可。

3 当日没用完必须放冰箱冷藏，1~2天用完。

29

珍珠

一般珍珠和小珍珠的煮法都一样，只要注意闷煮时间即可，煮好的珍珠适用于各式饮品。

材料

大珍珠	3000克
砂糖	150克
水	12000毫升

 做法

1 将水用大火煮沸，放入大珍珠，用汤匙略拌开，让珍珠不会互相粘连即可（图1）。

2 转成中火，半盖锅盖，煮约30分钟，煮的过程也要用汤匙稍微拌一下（图2）。

3 盖上锅盖，熄火闷约30分钟（图3）。

4 将煮好的珍珠倒入滤网中过滤（图4）。

5 珍珠放在水龙头下，用流动的过滤水冲凉，边冲边拨动，让珍珠都能被水冲凉，口感才会弹牙（图5）。

6 均匀加入砂糖，用汤勺拌至糖溶化即可（图6）。

30

温馨提示

❶ 珍珠颗粒大小有数种规格，水和珍珠的比例都是1：4。

❷ 珍珠煮的时间必须足够长，否则珍珠会不熟，中心出现小白点；小珍珠煮的时间比较短，煮7分钟、闷7分钟即可。

❸ 煮珍珠时要选择较深的锅，而且不能加盖煮以免溢出，要盖半锅，煮的过程中适时用汤匙搅拌以免粘锅；闷的时候要先盖锅盖再熄火，才能保持热度，形成闷烧的效果。

❹ 冲洗珍珠时刚开始会比较烫，用手拨要注意温度，不要被烫伤。

❺ 珍珠煮好后可放入容器内，加盖后在室温保存，不会干掉，不能冷藏，4~5小时内吃完。

❻ 将珍珠制成寒天珍珠放入奶茶中，也是珍珠奶茶的新选择。

白珍珠

材料

白珍珠 ------------------1000克
砂糖 --------------------50克
水 ----------------------4000毫升

做法

1 将水用大火煮沸，放入白珍珠，用汤匙略拌开，以免粘连。

2 转成中火，半盖锅盖，煮约30分钟。

3 盖上锅盖，熄火闷约30分钟。

4 将煮好的白珍珠倒入滤网中过滤。

5 白珍珠放在水龙头下，用流动的过滤水冲凉。

6 均匀加入砂糖，用汤勺拌至糖溶化即可。

蜜黑糖珍珠

珍珠裹上一层黑糖，配上鲜奶，软嫩中带有甘甜味，是目前最流行的珍珠吃法。

材料

大珍珠	700克
黑砂糖糖浆	400克
水	2100毫升

温馨提示

蜜黑糖珍珠不用加冷水和冰块降温，避免二次冻伤，珍珠就无法呈现软嫩的口感。

做法

1 将水用大火煮沸，放入珍珠，用打蛋器搅拌，让珍珠不会互相粘连即可（图1）。

2 再次煮沸后，倒入黑砂糖糖浆300克，搅拌后半盖锅盖，以中小火煮25分钟（图2至图4）。

3 盖上锅盖，熄火闷30分钟，沥干水分，放入锅中备用（图5）。

4 将黑砂糖糖浆100克加入煮好的珍珠中拌匀，即可（图6、图7）。

1

2

3

4

5

6

7

必学3 蜜珍珠

除了黑白两色珍珠外，利用果露做出不同颜色、风味的蜜珍珠，配上茶饮，大大的满足视觉享受。

材料

白珍珠	700克
薄荷果露	400克
蜂蜜	60克
水	2800毫升

做法

1 将水用大火煮沸，放入白珍珠，用打蛋器搅拌，让珍珠不会互相粘连即可。

2 煮沸，倒入薄荷果露，搅拌后半盖锅盖，以中小火煮25分钟后，盖上锅盖，熄火闷25分钟（图1、图2）。

3 沥干水分，倒入冷开水、冰块，搅拌降温（不可拌太久，以免珍珠冻伤）。见图3、图4）。

4 沥干水分后加入蜂蜜，拌匀，即可（图5）。

温馨提示

❶ 水和珍珠的比例是1：4。

❷ 也可使用蓝柑橘、芒果、草莓、薰衣草等果露，用相同方法做出不同风味的蜜珍珠。

手工珍珠

近年流行手工现做珍珠，运用水果当天然色素，做成各色珍珠，不仅颜色好看，也符合健康潮流。

材料

木薯粉500克、火龙果肉100克
热水100毫升、冷水100毫升

做法

1 倒入木薯粉、热水后开搅拌机，用低档搅拌30秒（图1）。

2 加入火龙果肉、冷水，调至中速，混匀后成团取出，备用（图2至图4）。

3 桌面倒入30克木薯粉（分量外），放上面团，搓揉成团状（符合珍珠制造机入口大小。见图5、图6）。

4 倒少许木薯粉（分量外）至珍珠制造机盛装的容器上，以避免粘连，放入面团，开机，即可做出珍珠（图7、图8）。

34

温馨提示

❶ 可依此配方，用猕猴桃、芒果等水果做出不同口味的珍珠。

❷ 做好的珍珠放入滚水中，半盖锅盖，用大火煮5分钟，转中小火煮15分钟后，盖上锅盖，熄火闷15分钟，取出泡冰块，沥干后拌入60毫升蜂蜜，即可使用。

5
6

7
8

古早味手工炒糖

手工熬煮的糖，味道特别浓郁、香甜。

材料

砂糖 ――――――――――― 500克
热水 ――――――――――― 400毫升
蜂蜜 ――――――――――― 100毫升

做法

1 锅中倒入砂糖，先加 100 毫升热水，以中小火炒至糖变成糖膏（图 1 至图 3）。

2 再加入 300 毫升热水，继续拌炒至水和糖完全融合（图 4）。

3 倒入蜂蜜拌匀，盖锅，继续以中小火熬煮 10 分钟，熄火放至冷却即完成（图 5 至图 7）。

温馨提示

❶ 煮糖的过程不需要一直炒；若炒的过程过熟，颜色看起来太焦黑，可加少许盐去涩味。若要风味更佳可在煮好后马上加5毫升柠檬汁。

❷ 古早味手工糖可用于取代果糖，冷藏，一个星期内用完。

发泡鲜奶油

发泡鲜奶油原本是花式咖啡最常使用的材料之一，现在也广泛运用在饮品装饰中。传统的制作方式是以手动或电动打蛋器打发鲜奶油，再装进裱花袋中使用，不过保质期只有3～4天。另一种方法是使用鲜奶油喷枪制作，以高压氮气制造出发泡鲜奶油。做法如右图。

器具材料

鲜奶油喷枪1组、氮气空气弹1个、液态鲜奶油250毫升

使用方法

1 量取鲜奶油。

2 倒入鲜奶油喷枪中。

3 将瓶盖、裱花嘴装上拧紧。

4 再放入氮气空气弹，拧紧，使气体注入喷枪瓶内。

5 将鲜奶油喷枪倒置，上下摇晃数次，直到喷枪内瓶中没有液体的声音。

6 按下把手，将裱花嘴和饮品呈垂直角度，并离饮品表面1～2厘米，以螺旋方式由外向内挤入即可。

36

制作秘技

● **调味发泡鲜奶油的制作**

发泡鲜奶油除了原味之外，也可以在做法1中加入粉类（如香草粉）或酱类（如巧克力酱），混拌均匀后就成为调味的发泡鲜奶油，但酸性食材（如柠檬汁）不可加入，否则会让发泡鲜奶油加速腐败。

● **鲜奶油喷枪的容量**

鲜奶油喷枪的容量有限，因此倒入的鲜奶油以200～250毫升为限，而且务必要将鲜奶油喷枪洗净沥干水分后，再倒入鲜奶油，才不易使制作完成的发泡鲜奶油变坏。

● **氮气空气弹**

使用过的氮气空气弹，中间会有一个孔洞。每个只能使用一次，无法再重复使用，属于一次性的消耗品。

未使用过，中间不会有孔洞

使用过，中间会有孔洞

奶泡

"奶泡"是指将空气打入鲜奶中，混合产生出来的一种蓬松物质，能增加饮品口感的滑顺度。学会制作奶泡很重要，若空气打入过多就会产生过粗的奶泡，称之为"硬泡"，而打入过少的空气，则只会产生稀薄的奶泡，易变成鲜奶。

打奶泡的器具有两种：一种是使用意式咖啡机上的蒸汽管；另一种是使用奶泡壶。意式咖啡机需要搭配拉花钢杯，再利用蒸汽管才能打出奶泡，奶泡壶则需要自己用手不断地以抽压方式来操作。

★ 使用蒸汽管制作出奶泡

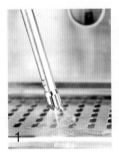

1

先将蒸汽管中的水气放掉。

2

将鲜奶倒入拉花钢杯中，再把蒸汽管斜放进拉花钢杯中约1/2高度。

3

打开蒸汽阀开始加热（加热温度为60～70℃），使鲜奶产生漩涡状，让蒸汽和鲜奶充分混合产生奶泡。

4

直到拉花钢杯内的奶泡约九分满，关闭蒸汽阀，以汤匙刮除表面较粗的泡沫即可使用。

★ 使用手拉奶泡壶制作奶泡

1

将鲜奶倒入奶泡壶中约四分满，如欲制作热奶泡，需将鲜奶连同奶泡壶以隔水加热的方式加热至60℃。

2

盖上手拉奶泡壶上盖，反复抽压中央的把手，直到上盖边缘可见鲜奶泡沫为止。

3

打开上盖，静置约30秒或是轻敲奶泡壶数下后，使表面气泡消失，用汤匙舀掉表面较粗的泡沫即可使用。

意式咖啡机

浓缩咖啡 Espresso 跟英文的 under pressure 的意思相同，也就是在压力之下，指的是高压且快速的咖啡冲煮方式。此方法能把咖啡最精华的美味萃取出来，由于萃取时间短，因此所溶出的咖啡因量也少。使用约 8 克的意式咖啡豆，研磨成极细的咖啡粉，经过高压与 90℃ 的高温，就能在约 25 秒的时间内，萃取出 30 ~ 45 毫升的浓缩咖啡液体。而以意式浓缩咖啡液为基底，再搭配鲜奶、奶泡所制作出来的意式咖啡，是现今最受欢迎的产品之一，例如拿铁咖啡、卡布奇诺咖啡、焦糖玛奇朵咖啡。

● 设定面板按钮
共有 6 个按钮，可设定咖啡液流出的量，常设定 30、45、60、90 毫升。另外热水按钮是让热水流出，通常都利用此按钮来温杯。

细节：如果需要使用到大量的热水，建议不要用咖啡机的热水，因为较耗电、耗时。

● 温杯盘
可将清洗干净的杯子放置在这里，一是可作为收纳处，二是可借助咖啡机的温度，让杯子保持温杯状态。

蒸汽压力／水压表

蒸汽阀

蒸汽管

开关

手压辅助

盛水盘

热水出水管

38

● 咖啡把手
咖啡把手可分单槽和双槽两种。
单槽：制作单杯意式浓缩咖啡时使用，约需填充 8 克的咖啡粉（误差值 ±1 克）。
双槽：制作双杯意式浓缩咖啡时使用，约需填充 16 克的咖啡粉（误差值 ±2 克）。

细节：咖啡把手不使用时，可以扣在咖啡机上，让它随时保持温度。

● 蒸汽管和蒸汽阀
可在短时间内加热液体，并可将鲜奶制作成奶泡，以顺时针方向为关，逆时针方向为开。蒸汽管不使用的时候是冷的，所以刚喷洒出来的是水，因此要先稍微放气让水排出后，再打奶泡，打完奶泡后，需要再一次放掉蒸汽，让残留在管内的牛奶能排出。

细节：鲜奶制作成奶泡后，要尽快将残留在蒸汽管喷头上的鲜奶用干净的布擦拭清除，否则鲜奶渍干掉后，不仅不易清除，也易将喷孔阻塞。

↘ 填压器

填压器的两头造型略有不同，平整的一端是负责将咖啡粉填压平整，而凸出的一端则是用来轻敲咖啡把手两端，让咖啡把手边缘内一些没有压紧的咖啡粉落下，然后再次用力填压，让咖啡粉的密度均匀。

↘ 磨豆机

磨豆机用来研磨咖啡豆，需依咖啡豆的配方、萃取的时间、口味来调整磨豆的粗细度。一般而言，调整方向是顺时针细、逆时针粗。而当磨豆机约磨了600千克的咖啡豆时，即须更换刀片（深焙豆、较油性的咖啡豆约400千克）。

★ 意式咖啡机的操作

将咖啡粉填入咖啡把手中。

再使用储豆槽的上盖，将多余的咖啡粉抹除。

使用填压器向下将咖啡粉压平（力量要均衡）。

再利用填压器的另一端，轻敲咖啡把手的两端后，再向下将咖啡粉填压平整。

利用毛刷将咖啡把手两端的粉末刷除。

以45°的角度，将咖啡把手扣入咖啡机的凹槽中，再向右转固定住。

按下热水按钮后，以热水温杯。

细节：温杯是为了不让咖啡液的温度下降，另外也可以顺便清洁杯子。

按下设定按钮，将浓缩咖啡液萃取至杯中。

细节：将浓缩咖啡液萃取至杯中时，尽量让咖啡液能沿着杯壁向下流入，能萃取出漂亮的咖啡油脂。

制作秘技

◈ 意式浓缩咖啡的灵魂——咖啡油脂

咖啡油脂（Crema）就是意式浓缩咖啡上面的那一层油脂，呈现出金黄色、浓厚如糖浆的状态，属于蒸汽压力萃取出来的独特油脂。若呈现出黑色或颜色过深的咖啡油脂，则表示萃取过度，有可能是咖啡粉研磨过细或填压太多的咖啡粉或是由于填压咖啡粉时过于用力等原因所造成的，其萃取状态就会以滴落的方式或以萃取时间过长来呈现。

新流行的饮料装饰手法

近年流行的饮品不但好喝，还重视外表，讲究颜色和不同层次营造出的美感，以及在杯子上做装饰来提升质感，下面介绍几种常见的装饰技法。

★ 饮品做分层

分层是运用密度不同的原理，甜度越高密度越大，可放在底层；反之，甜度较低或无糖的则可放在上层，像是蝶豆花茶、抹茶、无糖鲜奶和意式浓缩咖啡等，即可自然形成分层效果。建议分层尽可能做到2～3色，主色（果露或糖浆口味）1种，其他则可搭配鲜奶或茶。

★ 饮品中放水果

茶类、气泡饮可在饮品中放入水果，一方面增加质感，另一方面也能吃到新鲜水果。

★ 饮品上做装饰

最简单的方法是挤上发泡鲜奶油，放些水果、甜麦仁等配料，撒些可可粉、抹茶粉，或是放上棉花糖等，都是加分的装饰技巧。

★ 杯子上做装饰

最简单的杯子装饰可用发泡鲜奶油在杯缘挤出图案，如云朵。也有用草莓、猕猴桃、火龙果等颜色鲜艳的水果切片贴在杯子上，贴时要用对比色。这种装饰法适合用在浓稠的饮品中，像冰沙、奶昔等。

第 3 章

多变的

调味茶饮

tea

做单品茶前必知的事

制作热饮时，可直接将热茶倒入纸杯中拌匀；而制作冷饮才需要使用到摇酒器，摇酒器的容量要大于饮品的量，以方便操作。

做调味茶前必知的事

1 调味茶大多会用绿茶泡，主要是因为绿茶的茶色淡，可清楚地呈现辅料的颜色，让泡出来的饮品颜色好看，也可替换成同等分量的红茶、青茶或乌龙茶。

2 调味茶需要加入部分热水，以稀释基底茶的茶味，让百香果、柠檬、金橘等主角的味道更突出。

单品茶

冰红茶

材料

热红茶 - - - - - - - 200毫升 / 250毫升
果糖 - - - - - - - 20毫升 / 30毫升
冰块 - - - - - - - 摇酒器满杯

做法

1 将冰块装入摇酒器中，依次加入热红茶、果糖，盖上杯盖，上下摇匀至摇酒器的杯身产生雾气。

2 倒入杯中，盖上杯盖（或封口）即可。

茉香绿茶

材料

热绿茶 - - - - - - - 200毫升 / 250毫升
果糖 - - - - - - - 20毫升 / 30毫升
冰块 - - - - - - - 摇酒器满杯

做法

1 将冰块装入摇酒器中，依次加入热绿茶、果糖，盖上杯盖，上下摇匀至摇酒器的杯身产生雾气。

2 倒入杯中，盖上杯盖（或封口）即可。

糖心蜜红茶

材料

热红茶 - - - - - 200毫升 / 250毫升
手工炒糖 - - - - 20毫升 / 25毫升
冰块 - - - - - - 摇酒器满杯

做法

1 将冰块装入摇酒器中，依次加入热红茶、手工炒糖，盖上杯盖，上下摇匀至摇酒器的杯身产生雾气。
2 倒入杯中，盖上杯盖（或封口）即可。

温馨提示

❶ 热饮的做法是将热红茶250毫升、手工炒糖25毫升，加入到容积为500毫升的纸杯中，搅拌均匀，再加入热开水至480毫升，盖上杯盖（或封口）即可。
❷ 糖心蜜红茶使用的糖是手工炒糖，可参考P35的做法，也可买现成的。

其他口味蜜茶↓

品种	分量	材料	做法
糖心蜜绿茶	500毫升	热绿茶200毫升、手工炒糖20毫升、冰块摇酒器满杯	同糖心蜜红茶，但需将热红茶替换成热绿茶
	700毫升	热绿茶250毫升、手工炒糖25毫升、冰块摇酒器满杯	
糖心蜜青茶	500毫升	热青茶200毫升、手工炒糖20毫升、冰块摇酒器满杯	同糖心蜜红茶，但需将热红茶替换成热青茶
	700毫升	热青茶250毫升、手工炒糖25毫升、冰块摇酒器满杯	
糖心蜜乌龙茶	500毫升	热乌龙茶200毫升、手工炒糖20毫升、冰块摇酒器满杯	同糖心蜜红茶，但需将热红茶替换成热乌龙茶
	700毫升	热乌龙茶250毫升、手工炒糖25毫升、冰块摇酒器满杯	
蜂蜜红茶	500毫升	热红茶200毫升、蜂蜜20毫升、冰块摇酒器满杯	同糖心蜜红茶，但需将手工炒糖替换成蜂蜜
	700毫升	热红茶250毫升、蜂蜜25毫升、冰块摇酒器满杯	
蜂蜜绿茶	500毫升	热绿茶200毫升、蜂蜜20毫升、冰块摇酒器满杯	同糖心蜜红茶，但需将热红茶替换成热绿茶，手工炒糖替换成蜂蜜
	700毫升	热绿茶250毫升、蜂蜜25毫升、冰块摇酒器满杯	

糖心蜜红茶

炭焙乌龙茶

材料

热乌龙茶 - - - - - - 200毫升 / 250毫升
果糖 - - - - - - - - 20毫升 / 30毫升
冰块 - - - - - - - - 摇酒器满杯

做法

1 将冰块装入摇酒器中，依次加入热乌龙茶、果糖，盖上杯盖，上下摇匀至摇酒器的杯身产生雾气。

2 倒入杯中，盖上杯盖（或封口）即可。

44

南非国宝茶

材料

热南非国宝茶 - - - - 200毫升 / 250毫升
果糖 - - - - - - - - 25毫升 / 30毫升
冰块 - - - - - - - - 摇酒器满杯

做法

1 将冰块装入摇酒器中，依次加入热南非国宝茶、果糖，盖上杯盖，上下摇匀至摇酒器的杯身产生雾气。

2 倒入杯中，盖上杯盖（或封口）即可。

温馨提示

❶ 南非国宝茶要先泡基底茶，再用基底茶调出单品或是P51南非国宝柠檬冰茶、P82南非国宝拿铁。南非国宝茶的茶叶与水比例约1∶40最佳，可依个人喜好浓度自由调整水量。泡法为将100克的茶叶放入4000毫升的热水中，闷泡10分钟，倒出茶，放于保温桶中。

❷ 饮料中的果糖也可替换为同等分量的蜂蜜，增添风味。

四季春茶

材料

热四季春茶－－－－200毫升 / 250毫升
果糖－－－－－－－20毫升 / 30毫升
冰块－－－－－－－摇酒器满杯

做法

1 将冰块装入摇酒器中，依次加入热四季春茶、果糖，盖上杯盖，上下摇匀至摇酒器的杯身产生雾气。

2 倒入杯中，盖上杯盖（或封口）即可。

> **温馨提示**
>
> 可在饮品中加入配料，500毫升和700毫升配料分别加1匙、2匙，茶和其他材料都不用减，多的倒掉即可。

其他口味单品茶↓

品种	分量	材料	做法
金萱茶	500毫升	热金萱茶200毫升、果糖15毫升、冰块摇酒器满杯	基底茶都是茶叶和水的比例1：40（茶叶100克、水4000毫升），以85℃的热水闷泡10分钟，倒出茶，放于保温桶中。其他单品茶同四季春茶，但要将热四季春茶替换成相应的茶
	700毫升	热金萱茶250毫升、果糖20毫升、冰块摇酒器满杯	
文山包种茶	500毫升	热文山包种茶200毫升、果糖15毫升、冰块摇酒器满杯	
	700毫升	热文山包种茶250毫升、果糖20毫升、冰块摇酒器满杯	
白毫乌龙茶	500毫升	热白毫乌龙茶200毫升、果糖15毫升、冰块摇酒器满杯	
	700毫升	热白毫乌龙茶250毫升、果糖20毫升、冰块摇酒器满杯	
乌龙绿茶	500毫升	热乌龙绿茶200毫升、果糖15毫升、冰块摇酒器满杯	
	700毫升	热乌龙绿茶250毫升、果糖20毫升、冰块摇酒器满杯	

日式玄米煎茶

材料

日式玄米煎茶包 - - - - 2包
热水 - - - - - - - 200毫升 / 250毫升
果糖 - - - - - - 25毫升 / 30毫升
冰块 - - - - - - - 摇酒器满杯

做法

1 将日式玄米煎茶包加入85℃的热水，浸泡
  1 ~ 2分钟后，取出茶包备用。
2 将冰块装入摇酒器中，依次加入热日式玄米
  煎茶、果糖，盖上杯盖，上下摇匀至摇酒器
  的杯身产生雾气。
3 倒入杯中，盖上杯盖（或封口）即可。

> **温馨提示**
>
> 制作热饮以500毫升为主，将茶包放入500毫升的纸杯中，加入480毫升热水，浸泡 1 ~ 2分钟，泡好后取出茶包，加入果糖拌匀。制作时热水不可加至全满，须预留20毫升空间，以免烫伤人。果糖可依个人喜好决定是否添加。

冬瓜茶

材料

冬瓜茶 - - - - - - - 280毫升 / 350毫升
冰块 - - - - - - - - 摇酒器七分满

做法

1 将冰块装入摇酒器中，加入冬瓜茶，盖上杯
  盖，上下摇匀至摇酒器的杯身产生雾气。
2 倒入杯中，盖上杯盖（或封口）即可。

> **温馨提示**
>
> 自己煮冬瓜茶的做法为：600克冬瓜块和6000毫升水煮沸，5分钟后熄火放至冷却，移入冰箱冷藏。可依个人对甜度喜好增减水量。

其他口味冬瓜调味茶↓

品种	分量	材料	做法
冬瓜红茶	500毫升	冬瓜茶100毫升、热红茶100毫升、果糖 5 毫升、冰块摇酒器七分满	同冬瓜茶，但需增加热红茶和果糖
	700毫升	冬瓜茶150毫升、热红茶150毫升、果糖10毫升、冰块摇酒器七分满	
冬瓜绿茶	500毫升	冬瓜茶100毫升、热绿茶100毫升、果糖 5 毫升、冰块摇酒器七分满	同冬瓜茶，但需增加热绿茶和果糖
	700毫升	冬瓜茶150毫升、热绿茶150毫升、果糖10毫升、冰块摇酒器七分满	
冬瓜青茶	500毫升	冬瓜茶100毫升、热青茶100毫升、果糖 5 毫升、冰块摇酒器七分满	同冬瓜茶，但需增加热青茶和果糖
	700毫升	冬瓜茶150毫升、热青茶150毫升、果糖10毫升、冰块摇酒器七分满	

调味茶

 葡萄柚绿茶

材料

热绿茶 - - - - - - -	120毫升 / 140毫升
热水 - - - - - - -	80毫升 / 100毫升
葡萄柚原汁 - - - - -	40毫升 / 60毫升
果糖 - - - - - - -	10毫升 / 15毫升
冰块 - - - - - - -	摇酒器满杯

做法

1 将冰块装入摇酒器中，依次加入热绿茶、热水、葡萄柚原汁及果糖，盖上杯盖，上下摇匀至摇酒器的杯身产生雾气。
2 倒入杯中，盖上杯盖（或封口）即可。

 脆梅绿茶

材料

热绿茶 - - - - - - -	120毫升 / 140毫升
热水 - - - - - - -	80毫升 / 100毫升
脆玉梅汁 - - - - - -	40毫升 / 60毫升
果糖 - - - - - - -	10毫升 / 15毫升
白话梅 - - - - - - -	1颗
脆梅 - - - - - - -	1颗 / 2颗
冰块 - - - - - - -	摇酒器满杯

做法

1 将脆梅放入杯中，备用。
2 将冰块装入摇酒器中，依次加入热绿茶、热水、脆玉梅汁、果糖及话梅，盖上杯盖，上下摇匀至摇酒器的杯身产生雾气。
3 倒入做法1中，盖上杯盖（或封口）即可。

> **温馨提示**
>
> 热饮制作时先取360毫升/500毫升的纸杯，加入同分量的热绿茶后，加入脆玉梅汁、果糖、话梅及脆梅，再加入热水补至九分满，盖上杯盖（或封口）即可。

↙ 柳橙绿茶

材料

热绿茶 - - - - - - - 120毫升 / 140毫升
热水 - - - - - - - - 80毫升 / 100毫升
柳橙原汁 - - - - - - 40毫升 / 60毫升
果糖 - - - - - - - - 10毫升 / 15毫升
冰块 - - - - - - - - 摇酒器满杯

做法

1 将冰块装入摇酒器中，依次加入热绿茶、热水、柳橙原汁及果糖，盖上杯盖，上下摇匀至摇酒器的杯身产生雾气。
2 倒入杯中，盖上杯盖（或封口）即可。

↙ 甘蔗青茶

材料

热青茶 - - - - - - - 120毫升 / 140毫升
热水 - - - - - - - - 80毫升 / 100毫升
甘蔗调味糖浆 - - - - 30毫升 / 45毫升
果糖 - - - - - - - - 10毫升 / 15毫升
冰块 - - - - - - - - 摇酒器满杯

做法

1 将冰块装入摇酒器中，依次加入热青茶、热水、甘蔗调味糖浆及果糖，盖上杯盖，上下摇匀至摇酒器的杯身产生雾气。
2 倒入杯中，盖上杯盖（或封口）即可。

> **温馨提示**
> 因甘蔗调味糖浆含有甜度，可依个人的喜好自行调整果糖含量。

其他口味调味茶↓

品种	分量	材料	做法
甘蔗柠檬茶	500毫升	热青茶120毫升、热水80毫升、甘蔗调味糖浆30毫升、柠檬原汁15毫升、果糖10毫升、冰块摇酒器满杯	同甘蔗青茶，但要额外增加柠檬原汁
	700毫升	热青茶140毫升、热水100毫升、甘蔗调味糖浆45毫升、柠檬原汁20毫升、果糖15毫升、冰块摇酒器满杯	

↙ 金橘柠檬绿茶

材料

金橘 - - - - - - - - 2颗
热绿茶 - - - - - - - 120毫升 / 140毫升
热水 - - - - - - - - 80毫升 / 100毫升
金橘原汁 - - - - - - 20毫升 / 30毫升
柠檬原汁 - - - - - - 10毫升 / 15毫升
果糖 - - - - - - - - 20毫升 / 30毫升
白话梅 - - - - - - - 2颗
冰块 - - - - - - - - 摇酒器满杯

做法

1 将金橘切对半，挤汁放入杯中备用。
2 将冰块装入摇酒器中，放入热绿茶、热水、金橘原汁、柠檬原汁、果糖及话梅，盖上杯盖，上下摇匀至摇酒器的杯身产生雾气。
3 倒入做法1中，盖上杯盖（或封口）即可。

> **温馨提示**
> 柠檬和金橘原汁都建议使用现榨果汁。

↙ 柠檬青茶

材料

蜂蜜芦荟 - - - - - - 1匙 / 2匙
热青茶 - - - - - - - 120毫升 / 140毫升
热水 - - - - - - - - 80毫升 / 100毫升
柠檬原汁 - - - - - - 30毫升 / 40毫升
果糖 - - - - - - - - 20毫升 / 30毫升
柠檬片 - - - - - - - 1片 / 2片
冰块 - - - - - - - - 摇酒器满杯

做法

1 将蜂蜜芦荟舀入杯中，备用。
2 将冰块装入摇酒器中，依次加入热青茶、热水、柠檬原汁及果糖，盖上杯盖，上下摇匀至摇酒器的杯身产生雾气。
3 倒入做法1中，放入柠檬片装饰，盖上杯盖（或封口）即可。

> **温馨提示**
> 调味茶中添加蜂蜜芦荟后，配方不用调整，多的茶汤倒掉，以节省制作时间。

其他口味柠檬茶↓

品种	分量	材料	做法
柠檬红茶	500毫升	热红茶120毫升、热水80毫升、柠檬原汁30毫升、果糖20毫升、冰块摇酒器满杯	同柠檬青茶，但不需加芦荟，把热青茶替换成热红茶
	700毫升	热红茶140毫升、热水100毫升、柠檬原汁40毫升、果糖30毫升、冰块摇酒器满杯	
柠檬绿茶	500毫升	热绿茶120毫升、热水80毫升、柠檬原汁30毫升、果糖20毫升、冰块摇酒器满杯	同柠檬青茶，但不需加芦荟，把热青茶替换成热绿茶
	700毫升	热绿茶140毫升、热水100毫升、柠檬原汁40毫升、果糖30毫升、冰块摇酒器满杯	

鲜橘茶

材料

金橘 - - - - - - - - - 1颗 / 2颗
热绿茶 - - - - - - 120毫升 / 140毫升
热水 - - - - - - 80毫升 / 100毫升
金橘原汁 - - - - - 30毫升 / 45毫升
果糖 - - - - - - 20毫升 / 30毫升
冰块 - - - - - - - 摇酒器满杯

做法

1 将金橘洗净切对半，挤汁放入杯中备用。
2 将冰块装入摇酒器中至满后，放入热绿茶、热水、金橘原汁及果糖，盖上杯盖后，上下摇匀至摇酒器杯身产生雾气。
3 倒入做法1的杯中，盖上杯盖（或封口）即可。

> **温馨提示**
> ❶ 可依个人喜好添加1～2颗话梅，增添风味。
> ❷ 热饮的制作方式是将热绿茶200毫升、金橘原汁45毫升、果糖30毫升，加入500毫升的纸杯中，搅拌均匀，放入切半金橘，再加入热开水至480毫升，盖上杯盖（或封口）即可。

黑糖金橘茶

材料

金橘 - - - - - - - - 1颗 / 2颗
泡开的罗勒籽 - - - - - 2匙 / 3匙
热绿茶 - - - - - - 120毫升 / 140毫升
热水 - - - - - - 80毫升 / 100毫升
黑砂糖糖浆 - - - - - 20毫升 / 30毫升
金橘原汁 - - - - - 30毫升 / 40毫升
冰块 - - - - - - - 摇酒器九分满

做法

1 将金橘洗净切对半，挤汁放入杯中备用。
2 将冰块装入摇酒器中，依次加入热绿茶、热水、黑砂糖糖浆及金橘原汁，盖上杯盖，上下摇匀至摇酒器的杯身产生雾气。
3 倒入做法1中，加入泡开的罗勒籽，盖上杯盖（或封口）即可。

> **温馨提示**
> 罗勒籽俗称小紫苏，随用随泡。一次取2大匙（约30克），泡在1000毫升的温水中5分钟，即可泡开。

苹果冰茶

材料

热绿茶 - - - - - - 120毫升 / 140毫升
热水 - - - - - - -80毫升 / 100毫升
苹果茶 - - - - - -1.5大匙 / 2大匙
果糖 - - - - - - 10毫升 / 15毫升
冰块 - - - - - - -摇酒器满杯

做法

1 将苹果茶、果糖、热绿茶及热水放入摇酒器中，搅拌均匀，再放入冰块，盖上杯盖，上下摇匀至摇酒器的杯身产生雾气。

2 倒入杯中，盖上杯盖（或封口）即可。

菠萝冰茶

材料

热绿茶 - - - - - - -120毫升 / 140毫升
热水 - - - - - - -80毫升 / 100毫升
菠萝丁 - - - - - -40克 / 60克
菠萝调味糖浆 - - - 30毫升 / 40毫升
细砂糖 - - - - - -10毫升 / 15毫升
冰块 - - - - - - -摇酒器半杯

做法

1 将冰块倒入冰沙机，依次加入热绿茶、热水、菠萝丁、菠萝调味糖浆及细砂糖，搅打5秒至混合，出现碎冰即可。

2 倒入杯中，盖上杯盖（或封口）即可。

其他口味水果冰茶 ↓

品种	分量	材料	做法
葡萄柚冰茶	500毫升	热红茶120毫升、热水80毫升、葡萄柚原汁60毫升、果糖20毫升、冰块摇酒器满杯	所有材料放入摇酒器一起摇匀即可
	700毫升	热红茶140毫升、热水100毫升、葡萄柚原汁75毫升、果糖30毫升、冰块摇酒器满杯	
柠檬冰茶	500毫升	热绿茶120毫升、热水80毫升、柠檬原汁20毫升、果糖10毫升、冰块摇酒器满杯	同苹果冰茶，把苹果茶替换成柠檬原汁
	700毫升	热绿茶140毫升、热水100毫升、柠檬原汁30毫升、果糖15毫升、冰块摇酒器满杯	
南非国宝柠檬冰茶	500毫升	热南非国宝茶120毫升、热水80毫升、柠檬原汁20毫升、果糖10毫升、冰块摇酒器满杯	将冰块放入冰沙机中，再加入其余材料，搅打至混合均匀即可
	700毫升	热南非国宝茶140毫升、热水100毫升、柠檬原汁30毫升、果糖15毫升、冰块摇酒器满杯	

◤ 韩式苹果红茶

材料

热红茶 - - - - - - 120毫升 / 140毫升
热水 - - - - - - - 80毫升 / 100毫升
苹果茶 - - - - - - 1大匙 / 2大匙
果糖 - - - - - - - 10毫升 / 15毫升
新鲜苹果片 - - - - - 2片 / 3片
冰块 - - - - - - - 摇酒器满杯

做法

1 将苹果茶、果糖、热红茶及热水放入摇酒器中搅拌均匀后，放入冰块，盖上杯盖，上下摇匀至摇酒器的杯身产生雾气。
2 倒入杯中，放入苹果片装饰，盖上杯盖（或封口）即可。

52 ▲

◤ 百香绿茶

材料

热绿茶 - - - - - 120毫升 / 140毫升
热水 - - - - - - - 80毫升 / 100毫升
百香果调味糖浆 - - - 30毫升 / 40毫升
百香果果肉 - - - - 30克 / 40克
果糖 - - - - - - - 10毫升 / 15毫升
冰块 - - - - - - - 摇酒器满杯

做法

1 将冰块装入摇酒器中，依次加入热绿茶、热水、百香果调味糖浆、百香果果肉及果糖，盖上杯盖，上下摇匀至摇酒器的杯身产生雾气。
2 倒入杯中，盖上杯盖（或封口）即可。

温馨提示

1 百香绿茶若单用百香果肉味道不够浓郁，必须加调味糖浆增加味道。
2 这道饮品建议用绿茶，若要红茶、青茶或乌龙茶，只要更改茶汤，其余配方都一样。

其他口味调味茶↓

品种	口味别	分量	材料	做法
调味红茶	柳橙 / 乌梅 / 水蜜桃 / 芒果 / 菠萝 / 红梅 / 蓝莓 / 荔枝	500毫升	热红茶120毫升、热水80毫升、调味糖浆30毫升、果糖10毫升、冰块摇酒器满杯	同百香绿茶，但需将热绿茶替换成热红茶、百香果调味糖浆替换成其他口味调味糖浆。百香果果肉不用加
		700毫升	热红茶140毫升、热水100毫升、调味糖浆40毫升、果糖15毫升、冰块摇酒器满杯	
调味绿茶	柳橙 / 乌梅 / 水蜜桃 / 猕猴桃 / 蓝莓 / 荔枝	500毫升	热绿茶120毫升、热水80毫升、调味糖浆30毫升、果糖10毫升、冰块摇酒器满杯	同百香绿茶，但需将百香果调味糖浆替换成其他口味调味糖浆。百香果果肉不用加
		700毫升	热绿茶140毫升、热水100毫升、调味糖浆40毫升、果糖15毫升、冰块摇酒器满杯	

↙ 洋甘菊香柚水果茶

材料

洋甘菊柚子绿茶包 - - -	1包（约8克）
热开水 - - - - - - -	250毫升 / 300毫升
柚子茶 - - - - - - -	1大匙 / 2大匙
猕猴桃 - - - - - -	1片 / 2片
草莓 - - - - - - -	1片 / 2片
冰块 - - - - - - -	摇酒器满杯

做法

1 洋甘菊柚子绿茶包加入热开水，浸泡3分钟后，取出茶包备用。

2 将猕猴桃片、草莓片放入杯中，备用。

3 将热洋甘菊柚子绿茶、柚子茶放入摇酒器中搅拌均匀后，再放入冰块，盖上杯盖，上下摇匀至摇酒器的杯身产生雾气。

4 倒入做法2中，盖上杯盖（或封口）即可。

↙ 芒果多多绿茶

材料

热绿茶 - - - - - - -	120毫升 / 140毫升
热水 - - - - - - -	80毫升 / 100毫升
芒果调味糖浆 - - - -	40毫升 / 50毫升
果糖 - - - - - - -	少许
养乐多 - - - - - -	150毫升 / 200毫升
冰块 - - - - - - -	摇酒器七分满
芒果丁 - - - - - -	40克 / 60克

做法

1 将冰块装入摇酒器中，依次加入热绿茶、热水、芒果调味糖浆、果糖及养乐多，盖上杯盖，上下摇匀至摇酒器的杯身产生雾气。

2 倒入杯中，放入芒果丁，盖上杯盖（或封口）即可。

其他口味多多饮品↓

品种	分量	材料	做法
多多绿茶	500毫升	热绿茶100毫升、热水50毫升、养乐多150毫升、果糖10毫升、冰块用杯七分满	将冰块放入冰沙机中，再加入其余材料，搅打至混合均匀即可
	700毫升	热绿茶200毫升、热水100毫升、养乐多200毫升、果糖15毫升、冰块用杯七分满	
菠萝多多绿茶	500毫升	热绿茶120毫升、热水80毫升、养乐多100毫升、菠萝调味糖浆30毫升、细砂糖少许、冰块用杯七分满、菠萝丁45克	将冰块放入冰沙机中，再加入其余材料，搅打至混合均匀即可
	700毫升	热绿茶140毫升、热水100毫升、养乐多150毫升、菠萝调味糖浆45毫升、细砂糖少许、冰块用杯七分满、菠萝丁60克	

百香双享配

材料

珍珠 - - - - - - -	1匙 / 1.5匙
椰果 - - - - - - -	1匙 / 1.5匙
热绿茶 - - - - - -	120毫升 / 140毫升
热水 - - - - - - -	80毫升 / 100毫升
百香果原汁 - - - - -	40毫升 / 60毫升
百香果调味糖浆 - - -	10毫升 / 15毫升
果糖 - - - - - - -	10毫升 / 15毫升
冰块 - - - - - - -	摇酒器七分满

做法

1 将珍珠、椰果舀入杯中，备用。
2 将冰块装入摇酒器中，依次加入热绿茶、热水、百香果原汁、百香果调味糖浆及果糖，盖上杯盖，上下摇匀至摇酒器的杯身产生雾气。
3 倒入做法1中，盖上杯盖（或封口）即可。

特调水果茶

材料

柳橙片 - - - - - -	3片
草莓片 - - - - - -	1颗
猕猴桃 - - - - - -	1片
热绿茶 - - - - - -	140毫升
热水 - - - - - - -	100毫升
百香果调味糖浆 - - -	15毫升
荔枝调味糖浆 - - - -	15毫升
柳橙原汁 - - - - -	60毫升
柠檬原汁 - - - - -	15毫升
果糖 - - - - - - -	10毫升
冰块 - - - - - - -	摇酒器满杯

温馨提示

❶ 水果茶单用新鲜果汁无法调出浓郁的水果味，必须加入调味糖浆增加香气。
❷ 夏天可把草莓换成当季色彩缤纷的水果。

做法

1 将柳橙片、猕猴桃片贴在杯壁装饰；备用。
2 将冰块装入摇酒器中，依次加入热绿茶、热水、2种调味糖浆、2种原汁及果糖，盖上杯盖，上下摇匀至摇酒器的杯身产生雾气。
3 倒入做法1中，加入草莓片，盖上杯盖（或封口）即可。

◤ 薄荷红茶

材料

热红茶 - - - - - 120毫升 / 140毫升
热水 - - - - - - 80毫升 / 100毫升
薄荷调味糖浆 - - 30毫升 / 40毫升
柠檬原汁 - - - - 10毫升 / 15毫升
果糖 - - - - - - 10毫升 / 15毫升
冰块 - - - - - - 摇酒器满杯

做法

1 将冰块装入摇酒器中，依次加入热红茶、热水、薄荷调味糖浆、柠檬原汁和果糖，盖上杯盖，上下摇匀至摇酒器的杯身产生雾气。
2 倒入杯中，盖上杯盖（或封口）即可。

◤ 薄荷绿茶

材料

热绿茶 - - - - - 120毫升 / 140毫升
热水 - - - - - - 80毫升 / 100毫升
薄荷调味糖浆 - - 30毫升 / 40毫升
柠檬原汁 - - - - 10毫升 / 15毫升
果糖 - - - - - - 10毫升 / 15毫升
冰块 - - - - - - 摇酒器满杯

做法

1 将冰块装入摇酒器中，依次倒入热绿茶、热水、薄荷调味糖浆、柠檬原汁和果糖，盖上杯盖，上下摇匀至摇酒器的杯身产生雾气。
2 倒入杯中，盖上杯盖（或封口）即可。

其他口味糖浆调味茶↓

品种	分量	材料	做法
玫瑰红茶	500毫升	热红茶120毫升、热水80毫升、玫瑰花酿调味糖浆30毫升、果糖10毫升、冰块摇酒器满杯	同薄荷红茶，但不需添加柠檬原汁，并将薄荷调味糖浆替换成玫瑰花酿调味糖浆
玫瑰红茶	700毫升	热红茶140毫升、热水100毫升、玫瑰花酿调味糖浆40毫升、果糖15毫升、冰块摇酒器满杯	
玫瑰绿茶	500毫升	热绿茶120毫升、热水80毫升、玫瑰花酿调味糖浆30毫升、果糖10毫升、冰块摇酒器满杯	同薄荷绿茶，但不需添加柠檬原汁，并将薄荷调味糖浆替换成玫瑰花酿调味糖浆
玫瑰绿茶	700毫升	热绿茶140毫升、热水100毫升、玫瑰花酿调味糖浆40毫升、果糖15毫升、冰块摇酒器满杯	
苹果红茶	500毫升	热红茶120毫升、热水80毫升、苹果调味糖浆30毫升、果糖10毫升、冰块摇酒器满杯	同薄荷红茶，但不需添加柠檬原汁，并将薄荷调味糖浆替换成苹果调味糖浆
苹果红茶	700毫升	热红茶140毫升、热水100毫升、苹果调味糖浆40毫升、果糖15毫升、冰块摇酒器满杯	
苹果绿茶	500毫升	热绿茶120毫升、热水80毫升、苹果调味糖浆30毫升、果糖10毫升、冰块摇酒器满杯	同薄荷绿茶，但不需添加柠檬原汁，并将薄荷调味糖浆替换成苹果调味糖浆
苹果绿茶	700毫升	热绿茶140毫升、热水100毫升、苹果调味糖浆40毫升、果糖15毫升、冰块摇酒器满杯	

↗ 柠檬炸弹

材料

柠檬 - - - - - - - 1颗
热绿茶 - - - - - - 150毫升
热水 - - - - - - - 100毫升
泡开的罗勒籽 - - - - 3匙
果糖 - - - - - - - 30毫升
冰块 - - - - - - - 摇酒器满杯

做法

1 将整颗柠檬去头和尾，横向间隔画刀（都不切断），放入榨汁机压出果汁，挤过汁的柠檬整颗放入杯中，备用。

2 将冰块装入摇酒器中，依次加入热绿茶、热水、果糖及做法1的柠檬汁，盖上杯盖，上下摇匀至摇酒器的杯身产生雾气。

3 倒入做法1中，加入泡开的罗勒籽，盖上杯盖（或封口）即可。

┏温馨提示┓
柠檬的香味来自皮，酸度则来自果肉，将挤过的柠檬放入饮品中，可增加特有的香气。

↙ 冬瓜柠檬

材料

冬瓜茶 - - - - - - 280毫升 / 350毫升
柠檬原汁 - - - - - 30毫升 / 40毫升
果糖 - - - - - - - 15毫升 / 20毫升
柠檬片 - - - - - - 1片 / 2片
冰块 - - - - - - - 摇酒器七分满

做法

1 将冰块装入摇酒器中，依次加入冬瓜茶、柠檬原汁及果糖，盖上杯盖，上下摇匀至摇酒器的杯身产生雾气。

2 倒入杯中，放入柠檬片，盖上杯盖（或封口）即可。

↗ 冬瓜百香

材料

冬瓜茶－－－－－－－－250毫升 / 350毫升
百香果调味糖浆－－－20毫升 / 30毫升
百香果果肉－－－－－20克 / 40克
果糖－－－－－－－－15毫升 / 20毫升
冰块－－－－－－－摇酒器七分满

做法

1 将冰块装入摇酒器中，依次加入冬瓜茶、百香果调味糖浆、百香果果肉及果糖，盖上杯盖，上下摇匀至摇酒器的杯身产生雾气。

2 倒入杯中，盖上杯盖（或封口）即可。

↙ 菠萝冬瓜茶

材料

冬瓜茶－－－－－－－250毫升 / 300毫升
菠萝调味糖浆－－－－30毫升 / 45毫升
柠檬原汁－－－－－－10毫升 / 15毫升
冰块－－－－－－－摇酒器七分满

做法

1 将冰块装入摇酒器中，依次加入冬瓜茶、菠萝调味糖浆及柠檬原汁，盖上杯盖，上下摇匀至摇酒器的杯身产生雾气。

2 倒入杯中，盖上杯盖（或封口）即可。

> **温馨提示**
>
> 冬瓜茶比较甜腻，加少许的柠檬汁可提味、解腻。

↗ 橘香冬瓜

材料

金橘	1颗
泡开的罗勒籽	1大匙 / 2大匙
冬瓜茶	280毫升 / 350毫升
金橘原汁	30毫升 / 40毫升
黑砂糖糖浆	15毫升 / 20毫升
冰块	摇酒器满杯

做法

1 将金橘切对半，挤汁后放入杯中，备用。
2 将冰块装入摇酒器中，依次加入冬瓜茶、金橘原汁及黑砂糖糖浆，盖上杯盖，上下摇匀至摇酒器的杯身产生雾气。
3 倒入做法1中，加入泡开的罗勒籽，盖上杯盖（或封口）即可。

↙ 果粒茶

材料

水蜜桃天堂茶包	1包（约5克）
热开水	250毫升
蜂蜜	15毫升
柳橙片	1片
冰块	摇酒器满杯

做法

1 水蜜桃天堂茶包加入热开水，浸泡3分钟后，取出茶包，备用。
2 将热水蜜桃天堂、蜂蜜放入摇酒器中搅拌均匀后，再放入冰块，盖上杯盖，上下摇匀至摇酒器的杯身产生雾气。
3 倒入杯中，加入柳橙片，盖上杯盖（或封口）即可。

温馨提示

这配方除了用水蜜桃天堂外，还可用于其他口味的水果茶。

↙ 爱玉冰茶

材料

爱玉冻 - - - - - - -	2大匙 / 3大匙
冷开水 - - - - - -	150毫升 / 200毫升
手工炒糖 - - - - - -	40毫升 / 60毫升
冰块 - - - - - - -	摇酒器七分满

做法

1 将爱玉冻舀入杯中，备用。

2 将冰块装入摇酒器中，依次加入冷开水、手工炒糖，盖上杯盖，上下摇匀至摇酒器的杯身产生雾气。

3 再倒入做法1中，盖上杯盖（或封口）即可。

↙ 薄荷蜜茶

材料

爆爆珠 - - - - - - -	1匙 / 2匙
蜂蜜 - - - - - - -	40毫升 / 60毫升
薄荷调味糖浆 - - - -	15毫升 / 20毫升
热水 - - - - - - -	150毫升 / 200毫升
冰块 - - - - - - -	摇酒器满杯

做法

1 将爆爆珠舀入杯中，备用。

2 将冰块装入摇酒器中，依次加入薄荷调味糖浆、热水及蜂蜜，盖上杯盖，上下摇匀至摇酒器的杯身产生雾气。

3 倒入做法1中，盖上杯盖（或封口）即可。

┌ 温馨提示 ┐

饮品中若加蜂蜜，要最后放入，一开始加会粘在冰块上，不易摇散。

59

其他口味蜜茶↓

品种	分量	材料	做法
蜜茶	500毫升	蜂蜜45毫升、冷开水250毫升、冰块摇酒器半杯	将所有材料放入摇酒器一起摇匀即可
	700毫升	蜂蜜60毫升、冷开水300毫升、冰块摇酒器半杯	
仙草蜜茶	500毫升	蜂蜜30毫升、仙草浓缩汁30毫升、热水240毫升、冰块摇酒器满杯	将所有材料放入摇酒器一起摇匀即可
	700毫升	蜂蜜45毫升、仙草浓缩汁45毫升、热水300毫升、冰块摇酒器满杯	
玫瑰蜜茶	500毫升	蜂蜜30毫升、玫瑰花酿调味糖浆30毫升、热水240毫升、冰块摇酒器满杯	将所有材料放入摇酒器一起摇匀即可
	700毫升	蜂蜜45毫升、玫瑰花酿调味糖浆45毫升、热水300毫升、冰块摇酒器满杯	

↙ 桂花乌龙冻饮

材料

热乌龙茶 - - - - -	200毫升 / 250毫升
桂花风味糖浆 - - - -	30毫升 / 40毫升
细砂糖 - - - - - -	10毫升 / 15毫升
冰块 - - - - - - -	摇酒器满杯

做法

1 将冰块放入冰沙机中，依次加入热乌龙茶、桂花风味糖浆及细砂糖，搅打成碎冰状。

2 倒入杯中，盖上杯盖（或封口）即可。

↘ 桂花蜜茶

材料

桂花风味糖浆 - - - -	45毫升 / 60毫升
冷开水 - - - - - -	200毫升 / 250毫升
果糖 - - - - - - -	10毫升 / 15毫升
冰块 - - - - - - -	摇酒器半杯

做法

1 将冰块装入摇酒器中，依次加入桂花风味糖浆、果糖及冷开水至满，盖上杯盖，上下摇匀至摇酒器的杯身产生雾气。

2 倒入杯中，盖上杯盖（或封口）即可。

热调味茶

苹果绿茶（热）

材料

热绿茶 - - - - - - - - 200毫升 / 250毫升
苹果茶 - - - - - - - 1.5大匙 / 2大匙
热水 - - - - - - - 150毫升 / 200毫升

做法

将苹果茶、热绿茶放入杯中搅拌均匀后，再加入热水至九分满，拌匀即可。

其他口味调味热茶饮1↓

品种	分量	材料	做法
苹果红茶	360毫升	热红茶200毫升、苹果茶1.5大匙、热水150毫升	同苹果绿茶，把热绿茶替换成热红茶
	480毫升	热红茶250毫升、苹果茶2大匙、热水200毫升	
珍珠红茶	360毫升	热红茶200毫升、果糖15毫升、珍珠1匙、热水110毫升	先舀入珍珠，再倒入果糖、热红茶搅拌均匀后，再加入热水至九分满，拌匀即可
	480毫升	热红茶250毫升、果糖20毫升、珍珠1.5匙、热水150毫升	
珍珠绿茶	360毫升	热绿茶200毫升、果糖15毫升、珍珠1匙、热水110毫升	先舀入珍珠，再倒入果糖、热绿茶搅拌均匀后，再加入热水至九分满，拌匀即可
	480毫升	热绿茶250毫升、果糖20毫升、珍珠1.5匙、热水150毫升	
梅子红茶	360毫升	热红茶200毫升、酸梅汁40毫升、果糖15毫升、热水100毫升	将酸梅汁、果糖、热红茶放入杯中搅拌均匀后，再加入热水至九分满，拌匀即可
	480毫升	热红茶250毫升、酸梅汁60毫升、果糖20毫升、热水150毫升	
梅子绿茶	360毫升	热绿茶200毫升、酸梅汁40毫升、果糖15毫升、热水100毫升	同梅子红茶，把热红茶替换成热绿茶
	480毫升	热绿茶250毫升、酸梅汁60毫升、果糖20毫升、热水150毫升	

↗ 烧橘茶（热）

材料

热绿茶 - - - - - - - 200毫升 / 250毫升
金橘原汁 - - - - - 30毫升 / 40毫升
果糖 - - - - - - - 15毫升 / 20毫升
话梅 - - - - - - - 1颗
金橘（切半）- - - - 1颗
热水 - - - - - - - 100毫升 / 150毫升

做法

将金橘原汁、热绿茶及果糖倒入杯中搅拌均匀，加入热水拌匀，再加入话梅，金橘挤汁加入即可。

↙ 韩式香柚 绿茶（热）

材料

柚子茶 - - - - - - - 2大匙 / 3大匙
热绿茶 - - - - - - - 150毫升 / 200毫升
热水 - - - - - - - - 150毫升 / 200毫升

做法

将柚子茶、热绿茶倒入杯中搅拌均匀后，再加入热水拌匀即可。

水蜜桃红茶（热）

 材料

热红茶－－－－－－－200毫升 / 250毫升
水蜜桃调味糖浆－－－40毫升 / 50毫升
细砂糖－－－－－－－10克 / 15克
热水－－－－－－－－110毫升 / 150毫升

做法

将热红茶、水蜜桃调味糖浆、细砂糖倒入杯中搅拌均匀后，再加入热水至九分满，拌匀即可。

水蜜桃绿茶（热）

 材料

热绿茶－－－－－－－200毫升 / 250毫升
水蜜桃调味糖浆－－－40毫升 / 50毫升
细砂糖－－－－－－－10克 / 15克
热水－－－－－－－－110毫升 / 150毫升

做法

将热绿茶、水蜜桃调味糖浆、细砂糖倒入杯中搅拌均匀后，再加入热水至九分满，拌匀即可。

荔枝红茶（热）

材料

热红茶 - - - - - - - 200毫升 / 250毫升
荔枝调味糖浆 - - - - 40毫升 / 50毫升
细砂糖 - - - - - - 10克 / 15克
热水 - - - - - - - 110毫升 / 150毫升

做法

将热红茶、荔枝调味糖浆、细砂糖倒入杯中搅拌均匀后，再加入热水至九分满，拌匀即可。

其他口味调味热茶饮2 ↓

品种	分量	材料	做法
玫瑰红茶	360毫升	热红茶200毫升、玫瑰花酿调味糖浆40毫升、细砂糖10克、热水110毫升	同荔枝红茶，把荔枝调味糖浆替换成玫瑰花酿调味糖浆
	480毫升	热红茶250毫升、玫瑰花酿调味糖浆50毫升、细砂糖15克、热水150毫升	
玫瑰绿茶	360毫升	热绿茶200毫升、玫瑰花酿调味糖浆40毫升、细砂糖10克、热水110毫升	同玫瑰红茶，把热红茶替换成热绿茶
	480毫升	热绿茶250毫升、玫瑰花酿调味糖浆50毫升、细砂糖15克、热水150毫升	
薰衣草红茶	360毫升	热红茶200毫升、薰衣草调味糖浆40毫升、细砂糖10克、热水110毫升	同荔枝红茶，把荔枝调味糖浆替换成薰衣草调味糖浆
	480毫升	热红茶250毫升、薰衣草调味糖浆50毫升、细砂糖15克、热水150毫升	
薰衣草绿茶	360毫升	热绿茶200毫升、薰衣草调味糖浆40毫升、细砂糖10克、热水110毫升	同薰衣草红茶，把热红茶替换成热绿茶
	480毫升	热绿茶250毫升、薰衣草调味糖浆50毫升、细砂糖15克、热水150毫升	
蜂蜜红茶	360毫升	热红茶200毫升、蜂蜜40毫升、热水110毫升	将热红茶、蜂蜜放入杯中拌匀，再加入热水至九分满，拌匀即可
	480毫升	热红茶250毫升、蜂蜜60毫升、热水150毫升	
蜂蜜绿茶	360毫升	热绿茶200毫升、蜂蜜40毫升、热水110毫升	同蜂蜜红茶，把热红茶替换成热绿茶
	480毫升	热绿茶250毫升、蜂蜜60毫升、热水150毫升	
话梅红茶	360毫升	热红茶200毫升、话梅1颗、细砂糖10克、热水150毫升	将热红茶、话梅、细砂糖放入杯中拌匀，再加入热水至九分满，拌匀即可
	480毫升	热红茶250毫升、话梅2颗、细砂糖15克、热水200毫升	
话梅绿茶	360毫升	热绿茶200毫升、话梅1颗、细砂糖10克、热水150毫升	同话梅红茶，把热红茶替换成热绿茶
	480毫升	热绿茶250毫升、话梅2颗、细砂糖15克、热水200毫升	
仙草蜜茶	360毫升	仙草浓缩汁40毫升、蜂蜜15毫升、热水适量	将仙草浓缩汁、蜂蜜放入杯中，再加入热水至九分满，拌匀即可
	480毫升	仙草浓缩汁60毫升、蜂蜜20毫升、热水适量	

↙ 姜母茶（热）

材料

姜母粉 - - - - - - - 2匙
热水 - - - - - - - - 适量

做法

将姜母粉放入杯中，加入热水至九分满，搅拌
均匀后，盖上杯盖（或封口）即可。

┌温馨提示┐

姜母汁调配比例为1：10，即姜母粉1000克和热水10000毫
升一起拌匀，也可加入少许老姜片一起熬煮，增加味道。

↙ 姜汁甘蔗（热）

材料

姜母粉 - - - - - - - 2匙
甘蔗调味糖浆 - - - - 60毫升
果糖 - - - - - - - - 10毫升
热水 - - - - - - - - 适量

做法

将姜母粉、甘蔗调味糖浆、果糖放入杯中，搅
拌均匀，加热水至九分满，再次拌匀，盖上杯
盖（或封口）即可。

其他口味姜汁热饮 ↓

品种	分量	材料	做法
姜汁桂圆	480毫升	姜母粉2匙、桂圆茶60毫升、果糖10毫升、热水适量	同姜汁甘蔗，但甘蔗调味糖浆替换成桂圆茶

第 4 章

香浓的＋特调奶茶

做奶茶前必知的事

1. 冰奶茶有500毫升和700毫升两种容量，茶量基本上是200毫升或250毫升，若加配料，配方都不用减，多的直接倒掉，以节省制作时间。

2. 添加配料珍珠是100克和150克，用珍珠网勺换算是1.5勺和2勺；至于奶精粉、抹茶粉、芋香粉等粉类有固定使用的量勺。

3. 除了珍珠外，还有各种口味的椰果（原味、菠萝、葡萄、青苹果）、蜂蜜芦荟、蒟蒻、咖啡冻、仙草冻等材料，都可以加入奶茶中。

4. 摇酒器容量要大于饮品的量，以方便操作。

做鲜奶茶前必知的事

1. 饮料流行以分层营造视觉效果，其原理是根据密度不同，加糖的液体密度大，在下层，无糖的密度小，所以放在上层。倒入上层饮品时要慢慢往中间倒，才不会使两种饮品混在一起。

2. 若不做分层，全部放入摇酒器中摇匀即可。

奶茶

↗ 金香奶茶

材料

热红茶－－－－－－－200毫升／250毫升
奶精粉－－－－－－－3匙／4匙
果糖－－－－－－－20毫升／30毫升
冰块－－－－－－摇酒器满杯

做法

1 将奶精粉、热红茶放入摇酒器中搅拌均匀，再加入果糖和冰块，盖上杯盖，上下摇匀至摇酒器的杯身产生雾气。

2 倒入杯中，盖上杯盖（或封口）即可。

↙ 茉香奶茶

材料

热绿茶－－－－－－－200毫升／250毫升
奶精粉－－－－－－3匙／4匙
果糖－－－－－－－20毫升／30毫升
冰块－－－－－－－摇酒器满杯

做法

1 将奶精粉、热绿茶放入摇酒器中搅拌均匀，再加入果糖、冰块，盖上杯盖，上下摇匀至摇酒器的杯身产生雾气。

2 倒入杯中，盖上杯盖（或封口）即可。

> **温馨提示**
> 因为是使用绿茶为基底茶调制而成，也可命名为茉香奶绿。

其他口味奶茶 ↓

品种	分量	材料	做法
乌龙奶茶	500毫升	热乌龙茶200毫升、奶精3匙、果糖20毫升、摇酒器满杯	同茉香奶茶，但需将热绿茶替换成热乌龙茶
	700毫升	热乌龙茶250毫升、奶精4匙、果糖30毫升、摇酒器满杯	

◣ 伯爵奶茶

材料

伯爵茶 - - - - - - - 5克 / 8克
热开水 - - - - - - - 250毫升 / 300毫升
奶精粉 - - - - - - - 3匙 / 4匙
果糖 - - - - - - - 20毫升 / 30毫升
冰块 - - - - - - - 摇酒器满杯

做法

1 伯爵茶加入热开水，浸泡5分钟后，过滤出茶备用。
2 将奶精粉、热伯爵茶放入摇酒器中搅拌均匀，再加入果糖和冰块，盖上杯盖，上下摇匀至摇酒器的杯身产生雾气。
3 倒入杯中，盖上杯盖（或封口）即可。

> 温馨提示
> 伯爵茶若要先泡一锅基底茶，可参考P28闷煮法的泡法。

◣ 牛奶糖奶茶

材料

热红茶 - - - - - - - 200毫升 / 250毫升
奶精粉 - - - - - - - 3匙 / 4匙
焦糖奶茶酱 - - - - - - - 30毫升 / 40毫升
果糖 - - - - - - - 10毫升 / 15毫升
冰块 - - - - - - - 适量

做法

1 将奶精粉、热红茶放入摇酒器中搅拌均匀，依次加入焦糖奶茶酱、果糖和冰块，盖上杯盖，上下摇匀至摇酒器的杯身产生雾气。
2 倒入杯中，盖上杯盖（或封口）即可。

芋香奶茶

材料

热绿茶 - - - - - - - 200毫升 / 250毫升
芋香粉 - - - - - - - 2匙 / 3匙
奶精粉 - - - - - - - ⅔匙 / 1匙
果糖 - - - - - - - 15毫升 / 20毫升
冰块 - - - - - - - 摇酒器满杯

做法

1 将芋香粉、奶精粉、热绿茶放入摇酒器中，搅拌均匀，再加入果糖和冰块，盖上杯盖，上下摇匀至摇酒器的杯身产生雾气。

2 倒入杯中，盖上杯盖（或封口）即可。

香蕉白摩卡

材料

热红茶 - - - - - - - 200毫升 / 250毫升
奶精粉 - - - - - - - 3匙 / 4匙
香蕉牛奶酱 - - - - - 20毫升 / 30毫升
果糖 - - - - - - - 10毫升 / 15毫升
冰块 - - - - - - - 摇酒器满杯

做法

1 将奶精粉、热红茶放入摇酒器中搅拌均匀，再加入香蕉牛奶酱、果糖和冰块，盖上杯盖，上下摇匀至摇酒器的杯身产生雾气。

2 倒入杯中，盖上杯盖（或封口）即可。

其他口味粉类调味奶茶↓

品种	分量	材料	做法
胚芽奶茶	500毫升	热红茶200毫升、粗胚芽2匙、奶精3匙、果糖20毫升、摇酒器满杯	同芋香奶茶，但需将芋香粉替换成粗胚芽，热绿茶替换成热红茶
	700毫升	热红茶250毫升、粗胚芽3匙、奶精4匙、果糖30毫升、摇酒器满杯	
杏仁奶茶	500毫升	热红茶200毫升、杏仁调味粉2匙、奶精⅔匙、果糖10毫升、摇酒器满杯	同芋香奶茶，但需将芋香粉替换成杏仁调味粉，热绿茶替换成热红茶
	700毫升	热红茶250毫升、杏仁调味粉3匙、奶精1匙、果糖15毫升、摇酒器满杯	

↙ 紫薯奶茶

材料

热绿茶 - - - - - -	200毫升 / 250毫升
紫薯粉 - - - - -	2匙 / 3匙
奶精粉 - - - - -	⅔匙 / 1匙
果糖 - - - - - -	15毫升 / 20毫升
冰块 - - - - - -	摇酒器满杯

做法

1 将紫薯粉、奶精粉及热绿茶放入摇酒器中搅拌均匀，再加入果糖和冰块，盖上杯盖，上下摇匀至摇酒器的杯身产生雾气。

2 倒入杯中，盖上杯盖（或封口）即可。

↙ 鸳鸯奶茶

材料

热红茶 - - - - - -	100毫升 / 150毫升
奶精粉 - - - - - -	3匙 / 4匙
炼乳 - - - - - -	10毫升 / 15毫升
果糖 - - - - - -	10毫升 / 15毫升
意式浓缩咖啡 - - - -	45毫升 / 60毫升
冰块 - - - - - -	摇酒器满杯

做法

1 将奶精粉、热红茶放入摇酒器中搅拌均匀，再加入炼乳、果糖和冰块，盖上杯盖，上下摇匀至摇酒器的杯身产生雾气。

2 倒入杯中，再慢慢倒入意式浓缩咖啡，盖上杯盖（或封口）即可。

> **温馨提示**
>
> 所谓的"鸳鸯"是指茶和咖啡结合的产品。这里做成分层效果，红茶加糖做在下层，上面放无糖的意式浓缩咖啡。

↙ 榛果奶茶

材料

材料	分量
热红茶	200毫升 / 250毫升
奶精粉	3匙 / 4匙
榛果糖浆	20毫升 / 30毫升
果糖	10毫升 / 15毫升
冰块	摇酒器满杯

做法

1 将奶精粉、热红茶放入摇酒器中搅拌均匀，再加入榛果糖浆、果糖和冰块，盖上杯盖，上下摇匀至摇酒器的杯身产生雾气。

2 倒入杯中，盖上杯盖（或封口）即可。

↖ 焦糖奶茶

材料

材料	分量
热红茶	200毫升 / 250毫升
奶精粉	3匙 / 4匙
焦糖糖浆	20毫升 / 30毫升
果糖	10毫升 / 15毫升
冰块	摇酒器满杯

做法

1 将奶精粉、热红茶放入摇酒器中搅拌均匀，再加入焦糖糖浆、果糖和冰块，盖上杯盖，上下摇匀至摇酒器的杯身产生雾气。

2 倒入杯中，盖上杯盖（或封口）即可。

其他口味糖浆调味奶茶 ↓

品种	分量	材料	做法
香草奶茶	500毫升	热红茶200毫升、奶精3匙、果糖10毫升、香草糖浆30毫升、冰块摇酒器满杯	同焦糖奶茶，但需将焦糖糖浆替换成香草糖浆
	700毫升	热红茶250毫升、奶精4匙、果糖15毫升、香草糖浆40毫升、冰块摇酒器满杯	

↗ 珍珠奶茶

材料

珍珠 - - - - - - - - 1.5匙 / 2匙
热红茶 - - - - - - - 200毫升 / 250毫升
奶精粉 - - - - - - - 3匙 / 4匙
果糖 - - - - - - - 20毫升 / 30毫升
冰块 - - - - - - - 摇酒器满杯

做法

1 将珍珠舀入杯中，备用。
2 将奶精粉、热红茶放入摇酒器中搅拌均匀，再加入果糖和冰块，盖上杯盖，上下摇匀至摇酒器的杯身产生雾气。
3 倒入做法1中，盖上杯盖（或封口）即可。

↙ 黑糖珍珠奶茶

材料

珍珠 - - - - - - - - 1.5匙 / 2匙
热红茶 - - - - - - - 200毫升 / 250毫升
奶精粉 - - - - - - - 3匙 / 4匙
黑砂糖糖浆 - - - - - 20毫升 / 30毫升
冰块 - - - - - - - 摇酒器满杯

做法

1 将珍珠舀入杯中，备用。
2 将奶精粉、热红茶放入摇酒器中搅拌均匀，再加入黑砂糖糖浆和冰块，盖上杯盖，上下摇匀至摇酒器的杯身产生雾气。
3 倒入做法1中，盖上杯盖（或封口）即可。

温馨提示

制作热饮的珍珠奶茶或黑糖珍珠奶茶，先取热红茶200毫升/280毫升、奶精粉3匙/4匙放入杯中搅拌均匀，再放入果糖（或黑砂糖糖浆）20毫升/30毫升拌匀；取杯子加入珍珠1.5匙/2匙后，倒入调好的奶茶，加入热开水至九分满略微拌匀，盖上杯盖（或封口）即可。

↗ 熊猫奶茶

材料

黑珍珠 - - - - - - -	⅔匙 / 1匙
白珍珠 - - - - - - -	⅔匙 / 1匙
热红茶 - - - - - - -	200毫升 / 250毫升
奶精粉 - - - - - - -	3匙 / 4匙
果糖 - - - - - - -	20毫升 / 30毫升
冰块 - - - - - - -	摇酒器满杯

做法

1 将黑白珍珠舀入杯中，备用。
2 将奶精粉、热红茶放入摇酒器中搅拌均匀，再加入果糖和冰块，盖上杯盖，上下摇匀至摇酒器的杯身产生雾气。
3 倒入做法1中，盖上杯盖（或封口）即可。

↙ 铁观音珍珠奶茶

材料

小珍珠 - - - - - - -	1.5匙 / 2匙
热铁观音茶 - - - - -	200毫升 / 250毫升
奶精粉 - - - - - - -	3匙 / 4匙
果糖 - - - - - - - -	20毫升 / 30毫升
冰块 - - - - - - -	摇酒器满杯

做法

1 将小珍珠舀入杯中，备用。
2 将奶精粉、热铁观音茶放入摇酒器中搅拌均匀，再加入果糖和冰块，盖上杯盖，上下摇匀至摇酒器的杯身产生雾气。
3 倒入做法1中，盖上杯盖（或封口）即可。

◤ 薄荷珍珠奶茶

材料

草莓珍珠 - - - - - - -1.5匙 / 2匙
热绿茶 - - - - - - - -200毫升 / 250毫升
奶精粉 - - - - - - - -3匙 / 4匙
薄荷调味糖浆 - - - -30毫升 / 40毫升
果糖 - - - - - - - -20毫升 / 30毫升
冰块 - - - - - - - -摇酒器满杯

做法

1 将草莓珍珠舀入杯中，备用。
2 将奶精粉、热绿茶放入摇酒器中搅拌均匀，再加入薄荷调味糖浆、果糖和冰块，盖上杯盖，上下摇匀至摇酒器的杯身产生雾气。
3 倒入做法1中，盖上杯盖（或封口）即可。

> **温馨提示**
> 因为绿茶的茶色较淡，可清楚地看出薄荷的颜色，也可替换成青茶、红茶或乌龙茶。

◤ 薰衣草珍珠奶茶

材料

蜜薰衣草珍珠 - - - - -1.5匙 / 2匙
热绿茶 - - - - - - -200毫升 / 250毫升
奶精粉 - - - - - - -3匙 / 4匙
薰衣草调味糖浆 - - -30毫升 / 40毫升
果糖 - - - - - - - -10毫升 / 15毫升
冰块 - - - - - - - -摇酒器满杯

做法

1 将蜜薰衣草珍珠舀入杯中，备用。
2 将奶精粉、热绿茶放入摇酒器中搅拌均匀，再加薰衣草调味糖浆、果糖和冰块，盖上杯盖，上下摇匀至摇酒器的杯身产生雾气。
3 倒入做法1中，盖上杯盖（或封口）即可。

薄荷＋珍珠奶茶 薰衣草

↙ 草莓珍珠奶茶

材料

小珍珠 - - - - - - -	1.5匙 / 2匙
热绿茶 - - - - - - -	200毫升 / 250毫升
奶精粉 - - - - - - -	3匙 / 4匙
草莓调味糖浆 - - - -	30毫升 / 40毫升
果糖 - - - - - - - -	20毫升 / 30毫升
冰块 - - - - - - -	摇酒器满杯

做法

1 将小珍珠舀入杯中，备用。
2 将奶精粉、热绿茶放入摇酒器中搅拌均匀，再加入草莓调味糖浆、果糖和冰块，盖上杯盖，上下摇匀至摇酒器的杯身产生雾气。
3 倒入做法1中，盖上杯盖（或封口）即可。

↘ 夏威夷珍珠奶茶

材料

小珍珠 - - - - - - -	1.5匙 / 2匙
热绿茶 - - - - - - -	200毫升 / 250毫升
奶精粉 - - - - - - -	3匙 / 4匙
蓝柑橘调味糖浆 - - -	30毫升 / 40毫升
果糖 - - - - - - - -	20毫升 / 30毫升
冰块 - - - - - - -	摇酒器满杯

做法

1 将小珍珠舀入杯中，备用。
2 将奶精粉、热绿茶放入摇酒器中搅拌均匀，再加入蓝柑橘调味糖浆、果糖和冰块，盖上杯盖，上下摇匀至摇酒器的杯身产生雾气。
3 倒入做法1中，盖上杯盖（或封口）即可。

草莓 ✚ 夏威夷珍珠奶茶

↗ 黑砖块奶茶

材料

咖啡冻 - - - - - - 2大匙 / 3大匙
热红茶 - - - - - - 200毫升 / 250毫升
奶精粉 - - - - - - 3匙 / 4匙
果糖 - - - - - - 15毫升 / 20毫升
冰块 - - - - - - 摇酒器满杯
发泡鲜奶油 - - - - - 适量

做法

1 将咖啡冻舀一半至杯中，备用。
2 将奶精粉、热红茶放入摇酒器中搅拌均匀，依次加入果糖和冰块，盖上杯盖，上下摇匀至摇酒器的杯身产生雾气。
3 倒入做法1中至八分满，再挤上发泡鲜奶油，放上另一半的咖啡冻，盖上杯盖（或凸盖）即可。

> **温馨提示**
>
> ❶ 咖啡冻也可替换成自制的咖啡冻，放入杯中的分量分别为50克/70克（500毫升/700毫升）。
> ❷ 咖啡冻也可一次全放入，放在上面作为装饰更加美观。

76

↙ 仙草冻奶茶

材料

仙草冻 - - - - - - 2大匙 / 3大匙
热红茶 - - - - - - 200毫升 / 250毫升
奶精粉 - - - - - - 3匙 / 4匙
果糖 - - - - - - 15毫升 / 20毫升
冰块 - - - - - - 摇酒器满杯

做法

1 从冰箱取出装有2大匙仙草冻的杯子。
2 将奶精粉、热红茶放入摇酒器中搅拌均匀，再加入果糖、冰块，盖上杯盖，上下摇匀至摇酒器的杯身产生雾气。
3 倒入做法1中，盖上杯盖（或封口）即可。

> **温馨提示**
>
> ❶ 仙草冻是用浓缩仙草液制作。做法为：将1000毫升浓缩仙草液、2500毫升水放入锅中煮滚，转中小火，倒入拌匀的芡汁（用55克芡粉和330毫升水拌匀），搅拌均匀，直到沸腾即可熄火，煮的过程有泡泡要捞掉。放室温降温后分装至小桶中，移至冰箱冷藏保存，需要再取出。
> ❷ 仙草冻要前一晚制作，若要做成一层，要在液体状态时倒入，再放入冰箱凝固。

↗ 宇治金时

材料

热绿茶 - - - - - - - 200毫升 / 250毫升
抹茶粉 - - - - - - 2匙 / 3匙
奶精粉 - - - - - - ⅔匙 / 1匙
果糖 - - - - - - 10毫升 / 15毫升
冰块 - - - - - - 摇酒器满杯
蜜红豆 - - - - - 1大匙 / 2大匙

做法

1 将抹茶粉、奶精粉、热绿茶放入摇酒器中，搅拌均匀，再加入果糖和冰块，盖上杯盖，上下摇匀至摇酒器的杯身产生雾气。
2 倒入杯中，放上蜜红豆，盖上杯盖（或封口）即可。

↙ 盆栽奶茶

材料

热红茶 - - - - - - - 200毫升
奶精粉 - - - - - - - 3匙
果糖 - - - - - - - 15毫升
发泡鲜奶油 - - - - - 适量
奥利奥饼干碎 - - - - 适量
巧克力石头碎 - - - - 适量
防潮可可粉 - - - - - 少许
冰块 - - - - - - - 摇酒器八分满

做法

1 将奶精粉、热红茶放入摇酒器中搅拌均匀，再加入果糖和冰块，盖上杯盖，上下摇匀至摇酒器的杯身产生雾气。
2 倒入杯中，上层挤上一层厚度约2厘米的发泡鲜奶油，再铺上奥利奥饼干碎、巧克力石头碎，最后撒上一层薄薄的可可粉，中间插上一小段薄荷叶即可。

↙ 黑芝麻奶茶

材料

热红茶 - - - - - - 200毫升 / 250毫升
纯黑芝麻粉 - - - - - 2匙 / 3匙
奶精粉 - - - - - - ⅔匙 / 1匙
果糖 - - - - - - 20毫升 / 30毫升
冰块 - - - - - - 摇酒器满杯

做法

1 将黑芝麻粉、奶精粉及热红茶放入摇酒器中搅拌均匀，再加入果糖和冰块，盖上杯盖，上下摇匀至摇酒器的杯身产生雾气。

2 倒入杯中，盖上杯盖（或封口）即可。

↙ 红豆奶茶

材料

热红茶 - - - - - - 200毫升 / 250毫升
蜜红豆 - - - - - - 1大匙 / 2大匙
奶精粉 - - - - - - 3匙 / 4匙
果糖 - - - - - - 15毫升 / 20毫升
冰块 - - - - - - 摇酒器满杯
发泡鲜奶油 - - - - - 适量

做法

1 将奶精粉、热红茶放入摇酒器中搅拌均匀，再加入一半蜜红豆、果糖和冰块，盖上杯盖，上下摇匀至摇酒器的杯身产生雾气。

2 倒入杯中，再挤上发泡鲜奶油，放上另一半蜜红豆，盖上杯盖（或封口）即可。

┌ 温馨提示 ┐

❶ 蜜红豆可买市售的，也可以自己做。做法为：红豆浸泡温水约2小时，放入电炖锅中，并加1200毫升水，外锅加4杯水（分2次加），按下按键，待开关跳起，闷15～20分钟，起锅前试吃若不够熟，外锅再加1杯水煮熟，加入250克砂糖拌匀，隔冰水冷却，放入冰箱冷藏可存放3天。

❷ 红豆可一次放入一起打好，作为装饰，增加视觉效果。

↙ 玫瑰盐奶盖绿茶

材料

热绿茶 - - - - - 150毫升 / 200毫升
果糖 - - - - - - 15毫升 / 20毫升
奶盖 - - - - - - 约100毫升
冰块 - - - - - - 摇酒器八分满

做法

1 将冰块装入摇酒器中，放入热绿茶和果糖，盖上杯盖，上下摇匀至摇酒器的杯身产生雾气。
2 倒入杯中至离杯口2厘米处，铺上奶盖至满，盖上杯盖（或封口）即可。

↖ 玫瑰盐奶盖红茶

材料

热红茶 - - - - - - 150毫升 / 200毫升
果糖 - - - - - - 15毫升 / 20毫升
奶盖 - - - - - - 约100毫升
冰块 - - - - - - 摇酒器八分满

做法

1 将冰块装入摇酒器中，放入热红茶和果糖，盖上杯盖，上下摇匀至摇酒器的杯身产生雾气。
2 倒入杯中至离杯口2厘米处，铺上奶盖至满，盖上杯盖（或封口）即可。

温馨提示

① 奶盖制作比例为奶盖粉：热水：动物性鲜奶油＝1：3：50。做法为1包奶盖粉和60毫升温水拌匀，再倒入1000毫升动物性鲜奶油，用电动搅拌器搅拌至稠状即可备用。打好的奶盖可用保鲜膜包好，冷藏2天内用完。
② 玫瑰盐奶盖茶可在上面撒少许的抹茶粉和可可粉，都有装饰效果。

其他口味玫瑰盐奶盖茶↓

品种	分量	材料	做法
玫瑰盐奶盖青茶	500毫升	热青茶150毫升、果糖15毫升、奶盖约100毫升、摇酒器八分满	同玫瑰盐奶盖红茶，但需将热红茶替换成热青茶
	700毫升	热青茶200毫升、果糖20毫升、奶盖约100毫升、摇酒器八分满	

↙ 布丁奶茶

材料

鸡蛋布丁（中型）- - - 1颗
热红茶 - - - - - - - 200毫升
奶精粉 - - - - - - - 4匙
果糖 - - - - - - - 30毫升
冰块 - - - - - - - 摇酒器满杯

做法

1 将布丁放入杯中，备用。
2 将奶精粉、热红茶放入摇酒器中搅拌均匀，再加入果糖和冰块，盖上杯盖，上下摇匀至摇酒器的杯身产生雾气。
3 倒入做法1中，盖上杯盖（或封口）即可。

> **温馨提示**
> 布丁奶茶又称手工蛋糕奶茶。使用的布丁可以买现成的，也可以用市售的布丁粉自己做。

↙ 漂浮奶茶

材料

热红茶 - - - - - - - 200毫升 / 250毫升
奶精粉 - - - - - - - 3匙 / 4匙
果糖 - - - - - - - 15毫升 / 20毫升
冰块 - - - - - - - 摇酒器满杯
冰激凌 - - - - - - - 1球

做法

1 将奶精粉、热红茶放入摇酒器中搅拌均匀，再加入果糖和冰块，盖上杯盖，上下摇匀至摇酒器的杯身产生雾气。
2 倒入杯中，再放上冰激凌，盖上杯盖（或封口）即可。

> **温馨提示**
> 冰激凌不限口味，可选用最常见的香草口味。

↙ 姜母奶茶（热）

材料

热红茶 - - - - - - 200毫升 / 280毫升
奶精粉 - - - - - - 3匙 / 4匙
姜母粉 - - - - - - 1匙 / 1.5匙
果糖 - - - - - - 10毫升 / 15毫升
热水 - - - - - - 适量

做法

将奶精粉、姜母粉、果糖和热红茶放入杯中搅拌均匀，再加入热水至九分满，盖上杯盖（或封口）即可。

↘ 桂圆奶茶（热）

材料

热红茶 - - - - - - 200毫升 / 280毫升
奶精粉 - - - - - - 3匙 / 4匙
桂圆茶 - - - - - - 50毫升 / 70毫升
果糖 - - - - - - 10毫升 / 15毫升
热水 - - - - - - 适量

做法

将奶精粉、热红茶、果糖放入杯中搅拌均匀，加入桂圆茶拌匀，再加入热水至九分满，盖上杯盖（或封口）即可。

鲜奶茶

↘ 观音拿铁

材料

热铁观音茶 - - - - 150毫升 / 200毫升
鲜奶 - - - - - - 100毫升 / 150毫升
果糖 - - - - - - 15毫升 / 20毫升
冰块 - - - - - - 用杯八分满

做法

1 将鲜奶、果糖倒入杯中后拌匀。
2 加入冰块，慢慢倒入热铁观音茶至做法1中，盖上杯盖（或封口）即可。

其他口味拿铁↓

品种	分量	材料	做法
乌龙拿铁	500毫升	热乌龙茶150毫升、鲜奶100毫升、果糖15毫升、冰块用杯八分满	同观音拿铁，但需将热铁观音茶替换成热乌龙茶
	700毫升	热乌龙茶200毫升、鲜奶150毫升、果糖20毫升、冰块用杯八分满	
英式鲜奶茶	500毫升	热红茶150毫升、鲜奶100毫升、果糖15毫升、冰块用杯八分满	同观音拿铁，但需将铁观音茶替换成热红茶
	700毫升	热红茶200毫升、鲜奶150毫升、果糖20毫升、冰块用杯八分满	
绿茶拿铁	500毫升	热绿茶150毫升、鲜奶100毫升、果糖15毫升、冰块用杯八分满	同观音拿铁，但需将热铁观音茶替换成热绿茶
	700毫升	热绿茶200毫升、鲜奶150毫升、果糖20毫升、冰块用杯八分满	
南非国宝拿铁	500毫升	热南非国宝茶150毫升、鲜奶100毫升、果糖15毫升、冰块用杯八分满	同观音拿铁，但需将热铁观音茶替换成热南非国宝茶
	700毫升	热南非国宝茶200毫升、鲜奶150毫升、果糖20毫升、冰块用杯八分满	

红茶拿铁

材料

鲜奶 - - - - - - - - 150毫升
热红茶 - - - - - - 120毫升
果糖 - - - - - - - 20毫升
冰块 - - - - - - - 用杯八分满

做法

1 将鲜奶倒入奶泡壶中，打出奶泡。
2 将奶泡中的鲜奶、果糖倒入杯中，拌匀，加入冰块和3厘米的奶泡。
3 再慢慢倒入热红茶，加入奶泡至满杯，盖上杯盖（或封口）即可。

> **温馨提示**
> ❶ 鲜奶越冰越容易打成奶泡。
> ❷ 奶泡要加至满杯，以免过一段时间消泡。
> ❸ 可以把热红茶换成同等量的热乌龙茶，即为乌龙拿铁。
> ❹ 热饮的做法：将热红茶250毫升、果糖15毫升，加入500毫升的纸杯中，搅拌均匀，再加入热鲜奶至九分满，盖上杯盖（或封口）即可。

蝶豆花拿铁

材料

鲜奶 - - - - - - - - 150毫升
蝶豆花茶 - - - - - 120毫升
果糖 - - - - - - - 20毫升
冰块 - - - - - - - 用杯八分满

做法

1 将鲜奶倒入奶泡壶中，打出奶泡。
2 将奶泡中的鲜奶、果糖倒入杯中，拌匀，加入冰块和3厘米的奶泡。
3 再慢慢倒入蝶豆花茶，加入奶泡至满杯，盖上杯盖（或封口）即可。

> **温馨提示**
> 蝶豆花茶若要泡一锅基底茶，可将蝶豆花2克和热开水400毫升浸泡5分钟，待茶色释出，加冰块稀释至1000毫升，若要增加量，依此比例加倍即可。

蝶豆花
红茶
＋
拿铁

↖ 红茶玛奇朵

材料

热红茶 - - - - - - - 150毫升 / 200毫升
鲜奶 - - - - - - - 100毫升 / 150毫升
果糖 - - - - - - - 10毫升 / 15毫升
冰块 - - - - - - - 用杯八分满

做法

1 将鲜奶倒入奶泡壶中，打出奶泡。

2 将奶泡中的鲜奶、果糖倒入杯中，拌匀，加入冰块和3厘米奶泡。

3 慢慢倒入热红茶，加入奶泡至满杯，再以焦糖酱装饰，盖上杯盖（或封口）即可。

↘ 黑糖红茶 珍珠拿铁

材料

珍珠 - - - - - - - 2匙
热红茶 - - - - - - 150毫升
鲜奶 - - - - - - - 100毫升
黑砂糖糖浆 - - - - 20毫升
冰块 - - - - - - - 用杯九分满
发泡鲜奶油 - - - - 适量
甜麦仁 - - - - - - 适量

做法

1 将珍珠舀入杯中，加入鲜奶、黑砂糖糖浆拌匀，再加入冰块。

2 慢慢倒入热红茶，挤上发泡鲜奶油后，以甜麦仁装饰，盖上杯盖（凸盖）即可。

◤ 焦糖红茶拿铁

材料

热红茶 - - - - - - - - - - - - - - - 150毫升 / 200毫升
鲜奶 - - - - - - - - - - - - - - - - 100毫升 / 150毫升
焦糖糖浆 - - - - - - - - - - - - - - 20毫升 / 30毫升
果糖 - - - - - - - - - - - - - - - - 10毫升 / 15毫升
冰块 - - - - - - - - - - - - - - - - - 摇酒器满杯

做法

1 将冰块装入摇酒器中，放入热红茶、鲜奶、焦糖糖浆，盖上杯盖，上下摇匀至摇酒器的杯身产生雾气。
2 倒入杯中，盖上杯盖（或封口）即可。

> **温馨提示**
>
> 热饮的制作方式是将热红茶200毫升、鲜奶100毫升、焦糖糖浆15毫升、果糖10毫升，加入500毫升的纸杯中，搅拌均匀，再加入热水至480毫升，盖上杯盖（或封口）即可。

◤ 阿华田 红茶拿铁

材料

热红茶 - - - - - - - - - - - - - - - 150毫升 / 200毫升
阿华田 - - - - - - - - - - - - - - - - 1匙 / 2匙
鲜奶 - - - - - - - - - - - - - - - - 100毫升 / 150毫升
冰块 - - - - - - - - - - - - - - - - - 摇酒器满杯

做法

1 阿华田、热红茶放入摇酒器中搅拌均匀，再加入鲜奶、冰块，盖上杯盖，上下摇匀至摇酒器的杯身产生雾气。
2 倒入杯中，盖上杯盖（或封口）即可。

> **温馨提示**
>
> 热饮的制作方式是将热红茶200毫升、阿华田2匙，加入500毫升的纸杯中搅拌均匀后，加入鲜奶100毫升、热水480毫升，再次拌匀，盖上杯盖（或封口）即可。

其他口味调味拿铁↓

品种	分量	材料	做法
黑糖红茶拿铁	500毫升	热红茶150毫升、鲜奶100毫升、黑砂糖糖浆30毫升、冰块摇酒器满杯	做法同焦糖红茶拿铁，但需将焦糖糖浆替换成黑砂糖糖浆
	700毫升	热红茶200毫升、鲜奶150毫升、黑砂糖糖浆45毫升、冰块摇酒器满杯	
榛果红茶拿铁	500毫升	热红茶150毫升、鲜奶100毫升、榛果糖浆20毫升、冰块摇酒器满杯	做法同焦糖红茶拿铁，但需将焦糖糖浆替换成榛果糖浆
	700毫升	热红茶200毫升、鲜奶150毫升、榛果糖浆30毫升、冰块摇酒器满杯	

↗ 薄荷珍珠拿铁

材料

草莓珍珠------2匙
热绿茶------150毫升
鲜奶------100毫升
果糖------20毫升
薄荷调味糖浆----40毫升
冰块-------用杯八分满

做法

1 将草莓珍珠舀入杯中，加入鲜奶、果糖、薄荷调味糖浆拌匀，再加入冰块。

2 慢慢倒入热绿茶，盖上杯盖（封口）即可。

↙ 乳霜奶茶

材料

热红茶---150毫升 / 200毫升
果糖----20毫升 / 30毫升
冰块----摇酒器半杯
乳霜----适量

做法

1 将冰块装入摇酒器中，依次加入热红茶及果糖，盖上杯盖，上下摇匀至摇酒器的杯身产生雾气。

2 倒入杯中，再加入乳霜至满杯，盖上杯盖（或封口）即可。

温馨提示

热红茶也可以替换成热绿茶作成乳霜绿奶茶。

乳霜的制作

材料：

动物鲜奶油250毫升、全脂鲜奶100毫升、香草粉3克

做法：

将动物鲜奶油倒入钢盆后，加入全脂鲜奶、香草粉，使用电动搅拌器搅打至黏稠状，即为乳霜（或称奶霜）。

注：鲜奶油选用动物性或植物性皆可，以动物性鲜奶油做出来的乳霜香气较足。做好的乳霜冷藏保存，2天内用完。

↗ 甘蔗拿铁

材料

热乌龙茶 - - - - - - 150毫升 / 200毫升
鲜奶 - - - - - - - 70毫升 / 100毫升
甘蔗调味糖浆 - - - - 30毫升 / 45毫升
果糖 - - - - - - - 5毫升 / 15毫升
冰块 - - - - - - - 摇酒器七分满

做法

1 将冰块装入摇酒器中，依次加入热乌龙茶、鲜奶、甘蔗调味糖浆、果糖，盖上杯盖，上下摇匀至摇酒器的杯身产生雾气。
2 倒入杯中，盖上杯盖（或封口）即可。

> **温馨提示**
> 甘蔗口味的茶饮会使用乌龙茶制作，因为红茶和绿茶的茶味比较明显，而乌龙茶的茶味没这么明显，不会抢味，反而可以突显茶饮中甘蔗的味道。

↙ 冬瓜拿铁

材料

冬瓜茶 - - - - - - - 250毫升 / 350毫升
鲜奶 - - - - - - - 100毫升 / 150毫升
黑砂糖糖浆 - - - - - 10毫升 / 15毫升
冰块 - - - - - - - 用杯七分满

做法

1 将冰块装入杯中，倒入冬瓜茶、黑砂糖糖浆，搅拌均匀。
2 再倒入鲜奶，盖上杯盖（或封口）即可。

> **温馨提示**
> 冬瓜拿铁使用黑砂糖糖浆制作，可增加香气。

↙ 玫瑰鲜奶茶（热）

材料

热绿茶 - - - - - - - 150毫升
鲜奶 - - - - - - - - 150毫升
玫瑰花酿调味糖浆 - - - 30毫升

做法

1. 将鲜奶倒入奶泡壶中，隔水加热至60℃，打出奶泡。
2. 将玫瑰花酿调味糖浆倒入杯中，缓缓倒入奶泡中的鲜奶，并放一根汤匙隔离糖浆，直到七分满，取出汤匙。
3. 倒入3厘米奶泡后，倒入热绿茶，再加入打好的奶泡至满杯，盖上杯盖（或封口）即可。

> **温馨提示**
> 倒鲜奶时用汤匙挡住，可减缓冲力，形成分层效果。

↙ 薰衣草鲜奶茶（热）

材料

热绿茶 - - - - - - - 150毫升
鲜奶 - - - - - - - - 150毫升
薰衣草调味糖浆 - - - - 30毫升

做法

1. 将鲜奶倒入奶泡壶中，隔水加热至60℃，打出奶泡。
2. 将薰衣草调味糖浆倒入杯中，缓缓倒入奶泡中的鲜奶，并放一根汤匙隔离糖浆，直到七分满，取出汤匙。
3. 倒入3厘米奶泡后，倒入热绿茶，再加入打好的奶泡至满杯，盖上杯盖（或封口）即可。

> **温馨提示**
> 这道热饮用纯鲜奶调制，成本较高，品质较好。

↗ 缤纷圣诞
鲜奶茶（热）

材料

热绿茶 - - - - - - - 150毫升
鲜奶 - - - - - - - - 150毫升
覆盆子果露 - - - - 15毫升
白巧克力果露 - - - - 10毫升
发泡鲜奶油 - - - - - 适量
棉花糖 - - - - - - - 适量

做法

1 将鲜奶倒入奶泡壶中，隔水加热至60℃，打出奶泡。
2 将覆盆子果露倒入杯中，缓缓倒入奶泡中的鲜奶，并放一根汤匙隔离果露，直到七分满，取出汤匙。
3 将白巧克力果露倒入热绿茶后拌匀，备用。
4 将3厘米奶泡倒入做法2后，倒入做法3的白巧克力绿茶，再加入打好的奶泡至满杯，挤上发泡鲜奶油，放上棉花糖，盖上杯盖（或封口）即可。

↙ 约克夏可可
香茶（热）

材料

约克夏茶包 - - - - - 1包
热开水 - - - - - - - 150毫升
鲜奶 - - - - - - - - 150毫升
香草果露 - - - - - - 15毫升
可可粉 - - - - - - - 30克

做法

1 约克夏茶包加入热开水，浸泡3 ~ 5分钟后，取出茶包，备用。
2 将鲜奶倒入奶泡壶中，隔水加热至60℃，打出奶泡。
3 将香草果露倒入杯中，缓缓倒入奶泡中的鲜奶，并放一根汤匙隔离果露，直到七分满，取出汤匙。
4 将可可粉和约克夏茶汤混合后拌匀，备用。
5 将3厘米奶泡倒入做法3后，倒入做法4的可可茶，再加入打好的奶泡至满杯，挤上焦糖酱装饰，盖上杯盖（或封口）即可。

鲜奶饮品

黑糖珍珠鲜奶

材料

蜜黑糖珍珠－－－－－－2匙
鲜奶－－－－－－－－150毫升
冰块－－－－－－－－用杯八分满

做法

将黑糖珍珠舀入杯中，加入冰块，用黑砂糖糖浆沿着杯缘淋一圈，再倒入鲜奶，盖上杯盖（或封口）即可。

温馨提示

① 用黑砂糖糖浆挂杯，是让杯身浮现黑白渐层的纹路；黑砂糖糖浆要够黏稠，渐层纹路才会好看。
② 蜜黑糖珍珠的做法可参考P32。

蝶豆花鲜奶

材料

蝶豆花茶－－－－－－150毫升 / 200毫升
鲜奶－－－－－－－－100毫升 / 150毫升
果糖－－－－－－－－15毫升 / 20毫升
手作火龙果珍珠－－－－1匙 / 2匙
冰块－－－－－－－－用杯八分满

做法

1 将鲜奶与果糖拌匀备用。
2 将火龙果珍珠舀入杯中，先加入冰块，再加做法1的鲜奶。
3 慢慢倒入蝶豆花茶，盖上杯盖（或封口）即可。

温馨提示

蝶豆花茶若要泡一大壶的基底茶，做法可参考P83。

玫瑰鲜奶

材料

鲜奶－－－－－－－180毫升
玫瑰花酿调味糖浆－－－30毫升
冰块－－－－－－－用杯八分满

做法

1 将鲜奶倒入奶泡壶中，隔水加热至60℃，打出奶泡。
2 将玫瑰花酿调味糖浆倒入杯中，缓缓倒入奶泡中的鲜奶，并放一根汤匙隔离糖浆，直到七分满，取出汤匙。
3 加入冰块，加入打好的奶泡至满杯，盖上杯盖（或封口）即可。

猕猴桃鲜奶

材料

鲜奶－－－－－－－180毫升
猕猴桃调味糖浆－－－－30毫升
冰块－－－－－－－用杯八分满

做法

1 将鲜奶倒入奶泡壶中，隔水加热至60℃，打出奶泡。
2 将猕猴桃调味糖浆倒入杯中，缓缓倒入奶泡中的鲜奶，并放一根汤匙隔离糖浆，直到七分满，取出汤匙。
3 加入冰块，加入打好的奶泡至满杯，盖上杯盖（或封口）即可。

↘ 抹茶拿铁

材料

抹茶粉 - - - - - - - 30克
热水 - - - - - - - 100毫升
鲜奶 - - - - - - - 150毫升
果糖 - - - - - - - 20毫升
冰块 - - - - - - - 用杯八分满

做法

1 将抹茶粉加入热水拌匀，备用。
2 将鲜奶和果糖倒入杯中拌匀，加入冰块，轻轻倒入做法1的抹茶，盖上杯盖（或封口）即可。

↘ 紫薯拿铁

材料

紫薯粉 - - - - - - - 25克
热水 - - - - - - - 100毫升
鲜奶 - - - - - - - 150毫升
果糖 - - - - - - - 20毫升
冰块 - - - - - - - 用杯八分满

做法

1 将紫薯粉加入热水拌匀，备用。
2 将鲜奶和果糖倒入杯中拌匀，加入冰块，轻轻倒入做法1的紫薯汁，盖上杯盖（或封口）即可。

红豆沙鲜奶露

材料

蜜红豆 - - - - - - - - 100克 / 150克
鲜奶 - - - - - - - - - 150毫升 / 200毫升
细砂糖 - - - - - - - - 8克 / 10克
冷开水 - - - - - - - - 70毫升 / 100毫升
冰块 - - - - - - - - - 少许

做法

1 将蜜红豆、鲜奶、细砂糖、冷开水及冰块放
入冰沙机中，搅打至混合均匀即可。

2 倒入杯中，盖上杯盖（或封口）即可。

> ┌ 温馨提示 ┐
> 红豆沙和绿豆沙鲜奶露打完
> 都可加入少许的红豆、绿豆
> 增加口感；欲增强奶味，可
> 加15毫升炼乳一起搅打。

绿豆沙鲜奶露

材料

蜜绿豆 - - - - - - - - 100克 / 150克
鲜奶 - - - - - - - - - 150毫升 / 200毫升
细砂糖 - - - - - - - - 8克 / 10克
冷开水 - - - - - - - - 70毫升 / 100毫升
冰块 - - - - - - - - - 少许

做法

1 将蜜绿豆、鲜奶、细砂糖、冷开水及冰块放
入冰沙机中，搅打至混合均匀即可。

2 倒入杯中，盖上杯盖（或封口）即可。

> ┌ 温馨提示 ┐
> 绿豆煮法：先把绿豆浸泡
> 在冷水中约1小时，放入
> 锅中，加1200毫升水，
> 煮熟后，闷15~20分钟，
> 起锅前试吃若不够熟，再
> 加1杯水煮熟，加入250
> 克砂糖拌匀，隔冰水冷
> 却，放入冰箱冷藏可存放
> 3天。

布丁鲜奶

材料
市售布丁 - - - - - - 1颗
鲜奶 - - - - - - - 150毫升
冷水 - - - - - - - 150毫升
炼乳 - - - - - - - 15毫升
细砂糖 - - - - - 15毫升
冰块 - - - - - - - 少许

做法
1 将布丁、鲜奶、冷水、炼乳、细砂糖及冰块放入冰沙机中，搅打至混合均匀即可。
2 倒入杯中，盖上杯盖（或封口）即可。

温馨提示
❶ 布丁可买现成的，也可以买布丁粉自己做。
❷ 鲜奶可替换成同等分量的豆奶。

薏仁花生鲜奶

材料
熟薏仁 - - - - - - - 100克 / 150克
花生仁 - - - - - - - 15克 / 20克
鲜奶 - - - - - - - 150毫升 / 200毫升
细砂糖 - - - - - - 10克 / 15克
冰块 - - - - - - 摇酒器三分满

做法
1 将熟薏仁、花生仁、鲜奶、细砂糖及冰块放入冰沙机中，搅打至混合均匀即可。
2 倒入杯中，盖上杯盖（或封口）即可。

温馨提示
❶ 制作常温饮品则把冰块改成加100毫升冷开水；热饮的制作方式是将熟薏仁150克、花生仁20克、鲜奶200毫升、细砂糖10克，放入冰沙机搅拌均匀，倒入500毫升的纸杯中，再加入热开水至480毫升即可。
❷ 想增强奶味可加15毫升的炼乳一起搅打。
❸ 薏仁煮法为：薏仁（500克）浸泡温水约2小时，放入电锅中，并加1500毫升水，煮熟后，闷15~20分钟，起锅前试吃，若不够熟，再加1杯水煮熟，加入250克砂糖拌匀，隔冰水冷却，放入冰箱冷藏可存放3天。

↙薰衣草 森林拿铁(热)

材料
鲜奶 - - - - - - - -250毫升
薰衣草调味糖浆 - - - 30毫升

做法
1 将鲜奶倒入奶泡壶中，隔水加热至60℃，打出奶泡。
2 将薰衣草调味糖浆倒入杯中，缓缓倒入奶泡中的鲜奶，并放一根汤匙隔离糖浆，直到八分满，取出汤匙。
3 加入打好的奶泡至满杯，盖上杯盖（或封口）即可。

┌ 温馨提示 ┐
可在最后撒上干燥的薰衣草花瓣装饰，以增加质感与视觉效果。

↗姜汁炖奶(热)

材料
姜母粉 - - - - - - -2匙
鲜奶 - - - - - - - -150毫升
细砂糖 - - - - - - -10克
热水 - - - - - - - -适量

做法
1 将鲜奶倒入锅中，用中小火加热，加入姜母粉、细砂糖，搅拌均匀。
2 倒入杯中，加热水至480毫升，盖上杯盖（或封口）即可。

其他口味姜汁饮品↓

品种	分量	材料	做法
黑糖姜母鲜奶	480毫升	姜母粉2匙、鲜奶150毫升、黑砂糖糖浆10毫升、热水适量	同姜汁炖奶，但将细砂糖换成黑砂糖糖浆

↗ 芋头牛奶（热）

材料

蜜芋头 - - - - - - - 180克
鲜奶 - - - - - - - 200毫升
细砂糖 - - - - - - 10克
温水 - - - - - - 100毫升

做法

1 将鲜奶加热至微滚，再加入细砂糖、蜜芋头、温水，搅拌均匀至糖溶解。
2 倒入杯中，盖上杯盖（或封口）即可。

---温馨提示---
❶ 除了上面做法外，也可以把蜜芋头和温水放入冰沙机中稍搅拌（不要全搅碎以保留口感），和鲜奶一起倒入锅中加热，煮至微滚，再拌入糖搅拌均匀，此做法比较入味。
❷ 这道也可做冷饮，做法把温水替换成等量冷水及加少许冰块，搅打均匀即可。

96

↙ 芋头西米露（热）

材料

西米露 - - - - - - - 2大匙
蜜芋头 - - - - - - 150克
鲜奶 - - - - - - - 200毫升
细砂糖 - - - - - - 10克
温水 - - - - - - - 100毫升

做法

1 将蜜芋头、温水放入冰沙机中稍微搅拌，取出备用。
2 将鲜奶倒入锅中，煮至微滚，再加入做法1的打碎蜜芋头、细砂糖，搅拌至糖溶化。
3 倒入杯中，舀入西米露，盖上杯盖（或封口）即可。

第 5 章

清凉的 冰沙 奶昔 气泡饮

做冰沙前必知的事

1 冰沙因为加了大量的冰块，所以要加些许糖，让做出来的冰沙带有甜度。

2 冰沙粉可让冰沙更绵密，冰和水不会分离太快。

3 原味冰沙粉1大匙15克，摩卡基诺冰沙粉3大匙45克。

做云朵冰沙前必知的事

1 装饰用云朵的做法，将300毫升植物性鲜奶油、100毫升原味酸奶倒入钢盆后，使用电动搅拌器打至干性发泡（又称九分发），将鲜奶油打至泡沫细致，捞起呈硬挺不流动状态。用不完的可放至冰箱冷藏2天内用完。

2 若要做有颜色的云朵，可加入不同颜色的果露调制，像紫色是由蓝柑橘果露和草莓果露各20毫升调成，若喜欢颜色深一点，可加更多的果露。

3 若没有香草粉，可用1个香草冰激凌球代替。

4 云朵冰沙系列通常会挤上发泡鲜奶油做装饰。

smoothie

做气泡饮前必知的事

1 气泡饮可运用棉花糖装饰增加视觉效果和质感，棉花糖机可购买或是租借；使用的糖可自行选购喜欢的颜色。

2 气泡饮加入果露后千万不要搅拌，以免气泡提早消失，影响口感。

冰沙

↗ 绿豆冰沙

材料
蜜绿豆－－－－－－－4大匙
原味沙冰粉－－－－－1大匙
果糖－－－－－－－15毫升
冷开水－－－－－－100毫升
冰块－－－－－－－用杯1⅓杯

做法
1 将冰块、蜜绿豆、沙冰粉、果糖及冷开水放
　入冰沙机中，搅打至呈绵细状。
2 倒入杯中，盖上杯盖（或凸盖）即可。

温馨提示
1 将绿豆1200克和7000毫升水一起用大火煮
　沸，转小火焖煮30分钟后熄火，加入砂糖
　1500克、冰块2000克，拌至糖溶化后，用
　磨豆机磨碎，再加冰块、水至15千克，放入
　冰沙机中，启动后约10分钟即完成。
2 将珍珠加入做好的绿豆沙中，可增加变化。

↙ 芋头冰沙

材料
蜜芋头－－－－－－－250克
原味沙冰粉－－－－－1大匙
果糖－－－－－－－15毫升
冷开水－－－－－－100毫升
冰块－－－－－－－用杯1⅓杯

做法
1 将冰块、蜜芋头、沙冰粉、果糖及冷开水放
　入冰沙机中，搅打至呈绵细状。
2 倒入杯中，盖上杯盖（或凸盖）即可。

其他口味冰沙↓

品种	分量	材料	做法
花生冰沙	500毫升	花生酱80克、原味沙冰粉１大匙、果糖15毫升、冷开水120毫升、冰块用杯1⅓杯	同芋头冰沙，但需将芋头块替换成花生酱

↙ 养乐多冰沙

材料

养乐多 - - - - - - - 90毫升
柠檬原汁 - - - - - - 15毫升
原味沙冰粉 - - - - - 1大匙
果糖 - - - - - - - - 15毫升
冷开水 - - - - - - - 70毫升
冰块 - - - - - - - - 用杯1⅓杯

做法

1 将冰块、养乐多、柠檬原汁、沙冰粉、果糖及冷开水放入冰沙机中，搅打至呈绵细状。
2 倒入杯中，盖上杯盖（或凸盖）即可。

↙ 草莓冰沙

材料

草莓调味糖浆（含籽）‥90毫升
原味沙冰粉 - - - - - 1大匙
果糖 - - - - - - - - 15毫升
冷开水 - - - - - - - 80毫升
冰块 - - - - - - - - 用杯1⅓杯
酸奶 - - - - - - - - 适量

做法

1 将冰块、草莓调味糖浆、沙冰粉、果糖及冷开水放入冰沙机中，搅打至呈绵细状。
2 将酸奶铺在杯壁上后，倒入做好的草莓冰沙，盖上杯盖（或凸盖）即可。

> **温馨提示**
>
> 酸奶是装饰用，除了铺在杯壁外，也可以稍微搅拌以得到不同效果。

其他水果口味冰沙↓

品种	分量	材料	做法
蓝莓冰沙	500毫升	蓝莓调味糖浆90毫升、原味沙冰粉1大匙、果糖15毫升、冷开水80毫升、冰块用杯1⅓杯	同草莓冰沙，但需将草莓调味糖浆替换成蓝莓或蔓越莓调味糖浆
蔓越莓冰沙	500毫升	蔓越莓调味糖浆90毫升、原味沙冰粉1大匙、果糖15毫升、冷开水80毫升、冰块用杯1⅓杯	

↗ 百香果冰沙

材料

百香果果肉 - - - - - 40克
百香果调味糖浆 - - - 40毫升
柳橙原汁 - - - - - - 80毫升
柠檬原汁 - - - - - 15毫升
原味沙冰粉 - - - - - 1大匙
果糖 - - - - - - - 15毫升
冰块 - - - - - - - 用杯1⅓杯

做法

1 将冰块、百香果果肉、百香果调味糖浆、两种果汁、沙冰粉及果糖放入冰沙机中，搅打至呈绵细状。

2 倒入杯中，盖上杯盖（或凸盖）即可。

↙ 柠檬冰沙

材料

柠檬原汁 - - - - - - 70毫升
柠檬皮丝 - - - - - 半颗
原味沙冰粉 - - - - - 1大匙
果糖 - - - - - - - 40毫升
冷开水 - - - - - - 50毫升
冰块 - - - - - - - 用杯1⅓杯

做法

1 将柠檬皮刨丝放入杯中。

2 将冰块、柠檬原汁、柠檬皮丝、沙冰粉、果糖及冷开水放入冰沙机中，搅打至呈绵细状。

3 倒入杯中，盖上杯盖（或凸盖）即可。

菠萝香柚冰沙

材料

菠萝调味糖浆 - - - - - 30毫升
柚子茶 - - - - - - - 2大匙
原味沙冰粉 - - - - - - 1大匙
果糖 - - - - - - - - 15毫升
冷开水 - - - - - - - 100毫升
冰块 - - - - - - - - 用杯1⅓杯

做法

1 将冰块、菠萝调味糖浆、柚子茶、冰沙粉、果糖及冷开水放入冰沙机中，搅打至呈绵细状。

2 倒入杯中，盖上杯盖（或凸盖）即可。

紫苏梅冰沙

材料

紫苏梅汤粒（取汤汁）- - 90克
原味沙冰粉 - - - - - 1大匙
果糖 - - - - - - - - 15毫升
冷开水 - - - - - - - 80毫升
冰块 - - - - - - - - 用杯1⅓杯

做法

1 将冰块、紫苏梅汤汁、沙冰粉、果糖及冷开水放入冰沙机中，搅打至呈绵细状。

2 倒入杯中，盖上杯盖（或凸盖）即可。

其他口味冰沙↓

品种	分量	材料	做法
情人果冰沙	500毫升	青苹果调味糖浆50毫升、柠檬原汁15毫升、情人果酱2大匙、原味沙冰粉1大匙、冷开水100毫升、冰块用杯1⅓杯	同紫苏梅冰沙，但需将紫苏梅汤汁替换成青苹果调味糖浆，并加入柠檬原汁

↗ 日式抹茶奶霜冰沙

材料
鲜奶 - - - - - - - - - 120毫升
奶绿抹茶粉 - - - - - 3匙
原味沙冰粉 - - - - - 1大匙
冰块 - - - - - - - - 用杯1⅓杯
蜜红豆 - - - - - - - 2大匙
发泡鲜奶油 - - - - - 适量

做法
1 将冰块、鲜奶、奶绿抹茶粉及冰沙粉放入冰沙机中，搅打至快好时加入1大匙蜜红豆，搅打至呈绵细状。

2 倒入杯中，挤上发泡鲜奶油，放上1大匙蜜红豆，盖上杯盖（或凸盖）即可。

温馨提示
饮品中有加红豆，打太久会少了红豆的口感，所以快搅打好再放入。

↙ 香蕉摩卡冰沙

材料
香蕉牛奶糖浆 - - - - -30毫升
摩卡基诺冰沙粉 - - - 3大匙
巧克力粉 - - - - - - 1大匙
鲜奶 - - - - - - - - 120毫升
水滴巧克力 - - - - - 1大匙
冰块 - - - - - - - - 用杯1⅓杯
发泡鲜奶油 - - - - - 适量
饼干屑 - - - - - - - 适量

做法
1 将冰块、香蕉牛奶糖浆、摩卡基诺冰沙粉、巧克力粉、鲜奶及水滴巧克力放入冰沙机中，搅打至呈绵细状。

2 倒入杯中至八分满，挤上发泡鲜奶油，放上饼干屑，盖上杯盖（或凸盖）即可。

↙ 草莓酸奶冰沙

材料

草莓调味糖浆 - - - - - 90毫升
原味酸奶 - - - - - - - 80毫升
原味沙冰粉 - - - - - - 1大匙
果糖 - - - - - - - - 15毫升
冰块 - - - - - - - - 用杯1⅓杯

做法

1 将冰块、草莓调味糖浆、酸奶、冰沙粉及果糖放入冰沙机中，搅打至呈绵细状。
2 倒入杯中，盖上杯盖（或凸盖）即可。

↙ 芒果多多冰沙

材料

芒果调味糖浆 - - - - - 50毫升
乳酸菌饮料 - - - - - - 50毫升
原味沙冰粉 - - - - - - 1大匙
果糖 - - - - - - - - 15毫升
冷开水 - - - - - - - 80毫升
冰块 - - - - - - - - 用杯1⅓杯

做法

1 将冰块、芒果调味糖浆、乳酸菌饮料、沙冰粉、果糖及冷开水放入冰沙机中，搅打至呈绵细状。
2 倒入杯中，盖上杯盖（或凸盖）即可。

其他口味多多冰沙↓

品种	分量	材料	做法
草莓／菠萝／蓝莓／百香果／青苹果／水蜜桃／荔枝／柠檬／桑葚／柳橙／乌梅多多冰沙	500毫升	调味糖浆50毫升、乳酸菌饮料50毫升、原味冰粉1大匙、果糖15毫升、冷开水80毫升、冰块用杯1⅓杯	同芒果多多冰沙，但需将芒果调味糖浆替换成其他同等分量的调味糖浆

综合莓果
酸奶冰沙

材料

冷冻综合莓果 - - - - -30克
蓝莓调味糖浆 - - - - -90毫升
柠檬原汁 - - - - - - -15毫升
原味沙冰粉 - - - - - -1大匙
果糖 - - - - - - - - -15毫升
冰块 - - - - - - - -用杯1⅓杯
原味酸奶 - - - - - -2大匙

温馨提示

❶ 做法 2 搅打时如果卡住，可加入30毫升水。
❷ 冷冻综合莓果可到超市购买。

做法

1 将1大匙酸奶倒入杯中，备用。
2 将冰块、冷冻综合莓果、蓝莓调味糖浆、柠檬原汁、沙冰粉及果糖放入冰沙机中，搅打至呈绵细状。
3 倒入做法1的杯中至⅔杯，再倒入1大匙酸奶，最后倒入冰沙，盖上杯盖（或凸盖）。

104

红豆牛奶冰沙

材料

蜜红豆 - - - - - - - -4大匙
鲜奶 - - - - - - - -120毫升
原味沙冰粉 - - - - - -1大匙
果糖 - - - - - - - - -15毫升
冰块 - - - - - - - -用杯1⅓杯

做法

1 将冰块、蜜红豆、鲜奶、冰沙粉及果糖放入冰沙机中，搅打至呈绵细状。
2 倒入杯中，盖上杯盖（或凸盖）即可。

其他口味牛奶冰沙↓

品种	分量	材料	做法
绿豆牛奶冰沙	500毫升	蜜绿豆4大匙、鲜奶120毫升、原味冰沙粉1大匙、果糖15毫升、冰块用杯1⅓杯	同红豆牛奶冰沙，但蜜红豆需替换成蜜绿豆
花生牛奶冰沙	500毫升	花生仁4大匙、鲜奶120毫升、原味冰沙粉1大匙、果糖15毫升、冰块用杯1⅓杯	同红豆牛奶冰沙，但蜜红豆需替换成花生仁

巧酥冰沙

材料

意式浓缩咖啡 － － － － 30毫升
焦糖糖浆 － － － － － － 30毫升
鲜奶 － － － － － － － 50毫升
摩卡基诺冰沙粉 － － － 3大匙
奥利奥饼干 － － － － － 2片
冰块 － － － － － － － 用杯1⅓杯
发泡鲜奶油 － － － － － 少许
焦糖酱 － － － － － － 少许

做法

1 将冰块、意式浓缩咖啡、焦糖糖浆、鲜奶、摩卡基诺冰沙粉及1片饼干放入冰沙机中，搅打至呈绵细状。
2 倒入杯中，上面挤上发泡鲜奶油，将另1片饼干剥开，放在鲜奶油上，淋上焦糖酱，再盖上杯盖（或凸盖）即可。

> **温馨提示**
> 咖啡冰沙的制作方法大同小异，可自行变化。

焦糖黑砖块 咖啡冰沙

材料

咖啡冻 － － － － － － 2大匙
意式浓缩咖啡 － － － － 30毫升
焦糖糖浆 － － － － － － 30毫升
摩卡基诺冰沙粉 － － － 3大匙
冷开水 － － － － － － 50毫升
冰块 － － － － － － － 用杯1⅓杯
发泡鲜奶油 － － － － － 适量

做法

1 将一半咖啡冻舀入杯中备用。
2 将冰块、意式浓缩咖啡、焦糖糖浆、摩卡基诺冰沙粉及冷开水放入冰沙机中，搅打至呈绵细状。
3 倒入做法1的杯中，上面挤上发泡鲜奶油，再放上另一半咖啡冻，盖上杯盖（或凸盖）即可。

↗ 巧克力碎片
咖啡冰沙

材料

意式浓缩咖啡	30毫升
水滴巧克力	1大匙
鲜奶	80毫升
摩卡基诺冰沙粉	3大匙
果糖	15毫升
冰块	用杯1⅓杯

做法

1 将冰块、意式浓缩咖啡、水滴巧克力、鲜奶、摩卡基诺冰沙粉及果糖放入冰沙机中，搅打至呈绵细状。

2 倒入杯中，盖上杯盖（或凸盖）即可。

106

温馨提示

咖啡类冰沙通常会挤上发泡鲜奶油，并做不同的装饰，所以必须使用凸盖，不能使用平盖或将杯子封口，否则视觉效果会降低。

↙ 榛果卡布
奇诺冰沙

材料

意式浓缩咖啡	30毫升
榛果糖浆	30毫升
鲜奶	50毫升
摩卡基诺冰沙粉	3大匙
冰块	用杯1⅓杯
发泡鲜奶油	适量
可可粉	少许

做法

1 将冰块、意式浓缩咖啡、榛果糖浆、鲜奶及摩卡基诺冰沙粉放入冰沙机中，搅打至呈绵细状。

2 倒入杯中，上面挤上发泡鲜奶油，撒上可可粉，再盖上杯盖（或凸盖）即可。

焦糖
玛奇朵冰沙

材料

意式浓缩咖啡 - - - - -30毫升
焦糖糖浆 - - - - - -30毫升
鲜奶 - - - - - - -50毫升
摩卡基诺冰沙粉 - - - -3大匙
冰块 - - - - - - -用杯1⁄3杯
发泡鲜奶油 - - - - -适量
焦糖酱 - - - - - -少许

做法

1 将冰块、意式浓缩咖啡、焦糖糖浆、鲜奶及摩卡
 基诺冰沙粉放入冰沙机中，搅打至呈绵细状。

2 倒入杯中，上面挤上发泡鲜奶油，淋上焦糖酱，
 再盖上杯盖（或凸盖）即可。

其他口味咖啡冰沙↓

品种	分量	材料	做法
原味拿铁咖啡冰沙	500毫升	意式浓缩咖啡30毫升、鲜奶50毫升、摩卡基诺冰沙粉3大匙、果糖30毫升、冰块用杯1⁄3杯	同焦糖玛奇朵冰沙，但不需加焦糖糖浆
海盐焦糖咖啡冰沙	500毫升	意式浓缩咖啡30毫升、海盐焦糖糖浆30毫升、鲜奶50毫升、摩卡基诺冰沙粉3大匙、奥利奥饼干2片、冰块用杯1⁄3杯	同焦糖玛奇朵冰沙，但焦糖糖浆需替换成海盐焦糖糖浆，并多加了奥利奥饼干。饼干不要打的太碎，才会有口感
提拉米苏咖啡冰沙	500毫升	意式浓缩咖啡30毫升、提拉米苏糖浆30毫升、鲜奶50毫升、摩卡基诺冰沙粉3大匙、巧克力豆1大匙、冰块用杯1⁄3杯	同焦糖玛奇朵冰沙，但焦糖糖浆需替换成提拉米苏糖浆，并多加了巧克力豆
香草咖啡冰沙	500毫升	意式浓缩咖啡30毫升、香草糖浆30毫升、鲜奶50毫升、摩卡基诺冰沙粉3大匙、香草冰激凌1球、冰块用杯1⁄3杯	同焦糖玛奇朵冰沙，但焦糖糖浆需替换成香草糖浆，并多加了香草冰激凌
夏威夷果咖啡冰沙	500毫升	意式浓缩咖啡30毫升、夏威夷果糖浆30毫升、鲜奶50毫升、摩卡基诺冰沙粉3大匙、夏威夷豆1大匙、冰块用杯1⁄3杯	同焦糖玛奇朵冰沙，但焦糖糖浆需替换成夏威夷果糖浆，并多加了夏威夷豆

↙ 水蜜桃红茶冻饮

材料

热红茶 - - - - - - - - 150毫升
水蜜桃调味糖浆 - - - - 40毫升
柠檬原汁 - - - - - - 10毫升
果糖 - - - - - - - 15毫升
冰块 - - - - - - - - 用杯满杯

做法

1 将冰块、热红茶、水蜜桃调味糖浆、柠檬原汁及果糖放入冰沙机中，搅打成碎冰状。

2 倒入杯中，盖上杯盖（或封口）即可。

> **温馨提示**
> 将红茶替换成绿茶，即可制作水蜜桃绿茶冻饮。

↖ 百香绿茶冻饮

材料

热绿茶 - - - - - - - 150毫升
百香果调味糖浆 - - - - 40毫升
柠檬原汁 - - - - - - 10毫升
果糖 - - - - - - - 15毫升
冰块 - - - - - - - - 用杯满杯

做法

1 将冰块、热绿茶、百香果调味糖浆、柠檬原汁及果糖放入冰沙机中，搅打成碎冰状。

2 倒入杯中，盖上杯盖（或封口）即可。

> **温馨提示**
> 将绿茶替换成红茶，即可制作百香红茶冻饮。

其他口味冻饮↓

品种	分量	材料	做法
蜂蜜红茶／绿茶冻饮	500毫升	热红茶/热绿茶250毫升、蜂蜜30毫升、冰块用杯满杯	将所有材料放入冰沙机，搅打成碎冰状即可
柠檬红茶／绿茶冻饮	500毫升	热红茶/热绿茶250毫升、柠檬原汁30毫升、果糖30毫升、冰块用杯满杯	
养乐多绿茶冻饮	500毫升	热绿茶100毫升、养乐多100毫升、果糖15毫升、冰块用杯满杯	
蜜茶冻饮	500毫升	蜂蜜50毫升、冰开水200毫升、冰块用杯满杯	
珍珠红茶冻饮	500毫升	珍珠1.5匙、热红茶250毫升、果糖15毫升、冰块用杯满杯	将珍珠舀入杯中，材料放入冰沙机，搅打成碎冰状中倒入杯中即可

↗ 蓝莓云朵冰沙

材料

蓝莓果露 - - - - - - 30毫升
新鲜蓝莓 - - - - - - 15克
原味酸奶 - - - - - - 100毫升
果糖 - - - - - - - 15毫升
香草粉 - - - - - - 15克
冰块 - - - - - - - 用杯满杯
发泡鲜奶油 - - - - - 适量

做法

1 在杯缘挤上发泡鲜奶油做成云朵，备用。
2 将蓝莓果露、蓝莓、酸奶、果糖、香草粉及冰块放入冰沙机中，搅打至直到呈绵细状。
3 倒入做法1的杯中，再挤上发泡鲜奶油装饰，盖上杯盖（或凸盖）即可。

温馨提示

1 添加新鲜蓝莓，可增加口感。
2 装饰成云朵的发泡鲜奶油，做法见P97。

109

↙ 红橙云朵冰沙

材料

红橙果露 - - - - - - 20毫升
荔枝果露 - - - - - - 20毫升
原味酸奶 - - - - - - 100毫升
果糖 - - - - - - - 15毫升
香草粉 - - - - - - 15克
冰块 - - - - - - - 用杯满杯
发泡鲜奶油 - - - - - 适量

做法

1 在杯缘挤上发泡鲜奶油做成云朵，备用。
2 将两种果露、酸奶、果糖、香草粉及冰块放入冰沙机中，搅打至直到呈绵细状。
3 倒入做法1的杯中，再挤上发泡鲜奶油装饰，盖上杯盖（或凸盖）即可。

柳橙云朵冰沙

材料

柳橙果露 - - - - - - 20毫升
芒果果露 - - - - - - 20毫升
原味酸奶 - - - - - - 100毫升
果糖 - - - - - - - 15毫升
香草粉 - - - - - - 15克
冰块 - - - - - - - 用杯满杯
发泡鲜奶油 - - - - - 适量

做法

1 在杯缘挤上发泡鲜奶油，做成云朵，备用。
2 将两种果露、酸奶、果糖、香草粉及冰块放入冰沙机中，搅打至呈绵细状。
3 倒入做法1的杯中，再挤上发泡鲜奶油，盖上杯盖（或凸盖）即可。

猕猴桃菠萝云朵冰沙

材料

猕猴桃果露 - - - - - 20毫升
菠萝果露 - - - - - - 20毫升
原味酸奶 - - - - - 100毫升
果糖 - - - - - - - 15毫升
香草粉 - - - - - - 15克
冰块 - - - - - - - 用杯满杯
发泡鲜奶油 - - - - - 适量

做法

1 在杯缘挤上发泡鲜奶油，做成云朵，备用。
2 将两种果露、酸奶、果糖、香草粉及冰块放入冰沙机中，搅打至呈绵细状。
3 倒入做法1的杯中，再挤上发泡鲜奶油，盖上杯盖（或凸盖）即可。

↗ 蓝柑橘
   云朵冰沙

材料

蓝柑橘果露 - - - - - 20毫升
椰子果露 - - - - - 20毫升
原味酸奶 - - - - - 100毫升
果糖 - - - - - - 15毫升
香草粉 - - - - - - 15克
冰块 - - - - - - 用杯满杯
发泡鲜奶油 - - - - - 适量

做法

1 在杯缘挤上发泡鲜奶油做成云朵，备用。
2 将两种果露、酸奶、果糖、香草粉及冰块放入冰
  沙机中，搅打至呈绵细状。
3 倒入做法1的杯中，再挤上发泡鲜奶油，盖上杯
  盖（或凸盖）即可。

↙ 香蕉奶昔

材料

香蕉 - - - - - - - 120克
鲜奶 - - - - - - - 70毫升
蜂蜜 - - - - - - - 20毫升
酸奶 - - - - - - - 60克
冰块 - - - - - - - 用杯满杯
草莓 - - - - - - - 4片

做法

1 将草莓片贴在杯缘做装饰，备用。
2 香蕉剥去外皮，切成块，备用。
3 将香蕉、鲜奶、蜂蜜、酸奶及冰块放入冰沙
  机中，搅打至混合均匀即可。
4 倒入做法1的杯中，盖上杯盖（或封口）即可。

> ┃温馨提示┃
>
> 提前备好香蕉会氧化变
> 黑，建议现喝现做。

↗ 草莓酸奶果昔

材料

草莓 - - - - - - - 120克
香蕉 - - - - - - 50克
苹果汁 - - - - - - 100毫升
酸奶 - - - - - - 100克
冰块 - - - - - - 用杯满杯
猕猴桃 - - - - - - 3片

做法

1 将草莓放入杯中；香蕉剥去外皮，切成块，备用。
2 将猕猴桃贴在杯缘做装饰，备用。
3 将草莓、香蕉、苹果汁、酸奶及冰块放入冰沙机中，搅打至混合均匀即可。
4 倒入做法2的杯中，以草莓装饰，盖上杯盖（或封口）即可。

> **温馨提示**
>
> 用切片水果贴在杯上装饰，简单效果又好，很适合用在浓稠的饮料中。

↙ 综合莓 酸奶果昔

材料

冷冻综合莓果 - - - - 50克
香蕉 - - - - - - - 10克
苹果汁 - - - - - - 80毫升
酸奶 - - - - - - - 80毫升
冰块 - - - - - - - 用杯满杯

做法

1 将冷冻综合莓果放入杯中；香蕉剥去外皮，切成块，备用。
2 将综合莓果、香蕉、苹果汁、酸奶及冰块放入冰沙机中，搅打至混合均匀即可。
3 倒入杯中，以蓝莓装饰，盖上杯盖（或封口）即可。

芒果菠萝奶昔

材料

芒果块－－－－－－100克
菠萝块－－－－－－50克
香蕉－－－－－－30克
鲜奶－－－－－－100毫升
果糖－－－－－－15毫升
香草粉－－－－－1大匙
冰块－－－－－用杯满杯
火龙果（切星状）－－－2片

做法

1 将芒果块、菠萝块放入杯中；香蕉剥去外皮，切成块，备用。

2 把火龙果片贴在杯缘做装饰。

3 将3种水果、鲜奶、果糖、香草粉及冰块放入冰沙机中，搅打至混合均匀即可。

4 倒入做法2的杯中，盖上杯盖（或封口）即可。

温馨提示

在杯缘贴上火龙果片，可增加视觉效果，火龙果片要先切好。

火龙果奶昔

材料

火龙果块－－－－－－50克
菠萝块－－－－－－50克
苹果块－－－－－－50克
鲜奶－－－－－－100毫升
果糖－－－－－－15毫升
香草粉－－－－－1大匙
冰块－－－－－用杯满杯

做法

1 将火龙果块、菠萝块放入杯中；苹果去外皮，切大块，备用。

2 将3种水果、鲜奶、果糖、香草粉及冰块放入冰沙机中，搅打至混合均匀即可。

3 倒入杯中，盖上杯盖（或封口）即可。

↗ 双莓奶昔

材料

蔓越莓 - - - - - - - 20克
草莓 - - - - - - - - 50克
香蕉 - - - - - - - - 30克
鲜奶 - - - - - - - - 100毫升
果糖 - - - - - - - - 15毫升
香草粉 - - - - - - - 1大匙
冰块 - - - - - - - - 用杯满杯
酸奶 - - - - - - - - 适量

做法

1 将蔓越莓、草莓放入杯中；香蕉剥去外皮，切成
块，备用。
2 将3种水果、鲜奶、果糖、香草粉及冰块放入冰
沙机中，搅打至混合均匀即可。
3 倒入杯中至八分满，再放入酸奶至满，盖上杯盖
（或封口）即可。

↙ 翡翠奶昔

材料

菠菜段 - - - - - - - 50克
鲜奶 - - - - - - - - 100毫升
薄荷果露 - - - - - - 15毫升
果糖 - - - - - - - - 15毫升
香草粉 - - - - - - - 1大匙
冰块 - - - - - - - - 用杯满杯
坚果碎 - - - - - - - 适量

做法

1 将菠菜放入杯中，备用。
2 将菠菜、鲜奶、薄荷果露、果糖、香草粉及冰
块放入冰沙机中，搅打至混合均匀即可。
3 倒入杯中，撒上坚果碎，盖上杯盖（或封
口）。

> **温馨提示**
> ❶ 若对鲜奶过敏，也可改成同等分量的豆
> 奶替代。
> ❷ 坚果碎也可放入一起打碎。

气泡饮

西瓜气泡饮

材料
气泡水 - - - - - - - 适量
西瓜果露 - - - - - 40毫升
柳橙 - - - - - - 1片
冰块 - - - - - - - 用杯半杯
棉花糖（蓝） - - - - 1朵

做法
1 杯中装入冰块后，注入气泡水至八分满。
2 将西瓜果露加入做法1中，再放入柳橙片，最后放上棉花糖装饰即可。

↙ 养乐多蝶豆花饮

材料
气泡水 - - - - - - - 适量
养乐多 - - - - - - 40毫升
蝶豆花茶 - - - - - 100毫升
冰块 - - - - - - - 用杯半杯
棉花糖（白+粉红） - - 1朵

做法
1 杯中装入冰块后，注入气泡水至七分满。
2 将养乐多加入做法1中，再加入蝶豆花茶，最后放上棉花糖装饰即可。

温馨提示
分层的原理是密度不同，加糖密度比较大在下层，蝶豆花茶是无糖的，所以在上层。

其他水果口味气泡饮↓

品种	分量	材料	做法
樱桃／芒果／柚子柠檬／覆盆子／水蜜桃气泡饮	700毫升	气泡水适量、果露40毫升、柠檬片1片、冰块用杯半杯	同西瓜气泡饮，但需将西瓜果露替换成其他同等分量的果露。柳橙片改用柠檬片

↙ 柳橙气泡饮

材料

气泡水 - - - - - - - 适量
柳橙果露 - - - - - 40毫升
草莓 - - - - - - - 2颗
猕猴桃 - - - - - - 2片
冰块 - - - - - - - 用杯半杯

做法

1 杯中装入冰块后，注入气泡水至八分满。

2 将柳橙果露加入做法1中，再放入草莓及猕猴桃，最后放上迷迭香装饰即可。

> **温馨提示**
> 在饮品中放入新鲜水果，以健康、营养均衡为主旨。

↖ 猕猴桃气泡饮

材料

气泡水 - - - - - - - 适量
猕猴桃果露 - - - - 40毫升
柳橙片 - - - - - - - 半片
草莓片 - - - - - - - 1颗
紫苏叶 - - - - - - - 1片
冰块 - - - - - - - 用杯半杯

做法

1 杯中装入冰块后，注入气泡水至八分满。

2 将猕猴桃果露加入做法1中，再放入柳橙片及草莓片，最后放上紫苏叶装饰即可。

> **温馨提示**
> 气泡水加果露后，不用搅拌，以免气泡提早消失。

其他口味气泡饮 ↓

品种	分量	材料	做法
蓝柑橘气泡饮	700毫升	气泡水适量、椰子果露20毫升、蓝柑橘果露20毫升、柠檬片1片、冰块用杯半杯	同猕猴桃气泡饮，但需将猕猴桃果露替换成椰子果露、蓝柑橘果露

↙ 青苹果冰激凌气泡饮

材料

气泡水 - - - - - - 适量
青苹果果露 - - - - 40毫升
芒果冰激凌 - - - - 1球
冰块 - - - - - - 用杯半杯

做法

1 杯中装入冰块后，注入气泡水至七分满。
2 将青苹果果露加入做法1中，再加入芒果冰激凌即可。

↙ 紫色梦幻

材料

气泡水 - - - - - - 适量
覆盆子果露 - - - - 15毫升
乳酸菌饮料 - - - - 20毫升
蝶豆花茶 - - - - 100毫升
冰块 - - - - - - 用杯半杯

做法

1 杯中装入冰块后，注入气泡水至七分满。
2 将覆盆子果露、乳酸菌饮料加入做法1中，再慢慢倒入蝶豆花茶即可。

↘ 水果气泡饮

材料

水蜜桃天堂 - - - - 5克
热开水 - - - - - - 200毫升
气泡水 - - - - - - 适量
柚子茶 - - - - - - 1大匙
荔枝果露 - - - - - 40毫升
蜂蜜 - - - - - - 10毫升
冰块 - - - - - - 摇酒器八分满
柠檬 - - - - - - 1片
柳橙 - - - - - - 1片
水果串 - - - - - - 1串

做法

1 将水蜜桃天堂加入热开水，浸泡3分钟，待茶色释出，备用。
2 将冰块装入摇酒器中，依次加入热水蜜桃天堂、柚子茶、荔枝果露及蜂蜜，盖上杯盖，上下摇匀至摇酒器的杯身产生雾气。
3 倒入杯中，加入气泡水至九分满，放入柠檬片、柳橙片，放上水果串，最后用迷迭香装饰，盖上杯盖（或封口）即可。

温馨提示

水果串是装饰，可用猕猴桃、芒果、火龙果切小丁，挑选当季水果，以颜色鲜艳的水果为主。

第 6 章

营养的

鲜蔬果汁

做蔬果汁前必知的事

1 果汁大部分可用果汁机或冰沙机操作，但苹果、菠萝纤维较粗，一定要用冰沙机。

2 水果可多用应季水果，口感纯正。

juice

蔬果汁

↗芒果汁

材料

芒果块 - - - - - - - 120克
菠萝块 - - - - - - - 50克
细砂糖 - - - - - - - 10克
冷开水 - - - - - - - 250毫升
冰块 - - - - - - - 用杯⅕杯

做法

1 将芒果块、菠萝块放入杯中，备用。
2 将2种水果、细砂糖、冷开水及冰块放入冰沙机中，搅打均匀。
3 倒入杯中，盖上杯盖（或封口）即可。

温馨提示

1 芒果的切法：将芒果顺着果核的方向垂直连皮切下，再于果肉表面划上十字，反折后将果肉切下。
2 芒果汁中加入菠萝，可让果汁变好喝。

其他口味新鲜果汁↓

品种	分量	材料	做法
柠檬汁	500毫升	柠檬汁80毫升、蜂蜜30克、冷开水250毫升、冰块用杯⅕杯	将所有材料放入冰沙机中，搅打均匀
葡萄柚汁	500毫升	葡萄柚汁150毫升、蜂蜜20克、冷开水200毫升、冰块用杯⅕杯	将所有材料放入冰沙机中，搅打均匀
金橘柠檬汁	500毫升	金橘汁60毫升、柠檬原汁15毫升、果糖30毫升、冷开水250毫升、白话梅1颗、冰块用杯⅕杯	将所有材料放入冰沙机中，搅打均匀
苹果汁	500毫升	苹果250克、细砂糖15克、冷开水250毫升、冰块用杯⅕杯	将所有材料放入冰沙机中，搅打均匀
菠萝汁	500毫升	菠萝块150克、柳橙原汁50毫升、细砂糖10克、冷开水200毫升、冰块用杯⅕杯	将所有材料放入冰沙机中，搅打均匀
草莓汁	500毫升	草莓100克、细砂糖10克 、冷开水250毫升、冰块用杯⅕杯	将所有材料放入冰沙机中，搅打均匀
猕猴桃汁	500毫升	猕猴桃肉块2小颗、苹果块50克、细砂糖10克、冷开水250毫升、冰块用杯⅕杯	将除猕猴桃外的材料放入冰沙机中，搅打快好时，再放入猕猴桃打30秒 猕猴桃搅打过久会让籽变成碎末，影响色泽及口感
葡萄汁	500毫升	葡萄150克、菠萝块50克、细砂糖10克、冷开水250毫升、冰块用杯⅕杯	将所有材料放入冰沙机中，搅打均匀，再用滤网过滤

↗ 西瓜牛奶

材料

西瓜块 - - - - - - - 200克
鲜奶 - - - - - - - 150毫升
细砂糖 - - - - - - 10克
冰块 - - - - - - - 用杯⅓杯

做法

1 将西瓜块放入杯中，备用。
2 将西瓜块、鲜奶、细砂糖及冰块放入冰沙机中，一起搅打均匀。
3 倒入杯中，盖上杯盖（或封口）即可。

> **温馨提示**
> ❶ 西瓜的含水量高，可不用加水。
> ❷ 西瓜果肉可先称重放于杯中备用。

120

↙ 木瓜牛奶

材料

木瓜块 - - - - - - - 150克
鲜奶 - - - - - - - 150毫升
细砂糖 - - - - - - 10克
冷开水 - - - - - - 100毫升
冰块 - - - - - - - 用杯⅓杯

做法

1 将木瓜块放入杯中，备用。
2 将木瓜块、鲜奶、细砂糖、冷开水及冰块放入冰沙机中，一起搅打均匀。
3 倒入杯中，盖上杯盖（或封口）即可。

> **温馨提示**
> 细砂糖可换成炼乳20~30毫升，可增强奶香及甜度。

↙ 草莓牛奶

材料

草莓 - - - - - - - - 120克
鲜奶 - - - - - - - - 150毫升
细砂糖 - - - - - - - 10克
冷开水 - - - - - - - 100毫升
冰块 - - - - - - - 用杯⅕杯

做法

1 将草莓放入杯中，备用。
2 将草莓、鲜奶、细砂糖、冷开水及冰块放入冰沙机中，一起搅打均匀。
3 倒入杯中，盖上杯盖（或封口）即可。

↙ 牛油果布丁牛奶

材料

牛油果块 - - - - - - 70克
鲜奶 - - - - - - - - 150毫升
细砂糖 - - - - - - - 10克
布丁 - - - - - - - - ⅓颗
冷开水 - - - - - - - 150毫升
冰块 - - - - - - - 用杯⅕杯

做法

1 将牛油果块、鲜奶、细砂糖、布丁、冷开水及冰块放入冰沙机中，一起搅打均匀。
2 倒入杯中，盖上杯盖（或封口）即可。

其他口味牛奶果汁↓

品种	分量	材料	做法
香蕉牛奶	500毫升	香蕉1根、鲜奶150毫升、冷开水100毫升、细砂糖10克、冰块用杯⅕杯	香蕉剥皮后切小段，和其他材料一起放入冰沙机中搅打均匀即可

↗ 南瓜牛奶

材料

熟南瓜块 - - - - - - 120克
鲜奶 - - - - - - - 150毫升
炼乳 - - - - - - - 15毫升
细砂糖 - - - - - - 10克
冷开水 - - - - - - 150毫升
冰块 - - - - - - - 用杯⅓杯

做法

1 将熟南瓜块放入杯中，备用。
2 将熟南瓜块、鲜奶、炼乳、细砂糖、冷开水及冰块放入冰沙机中，一起搅打均匀。
3 倒入杯中，盖上杯盖（或封口）即可。

温馨提示

南瓜要事先蒸熟。煮法为：南瓜洗净、切块放入电蒸锅中，蒸熟后放入锅中备用。

↙ 红薯牛奶

材料

熟红薯 - - - - - - - 100克
鲜奶 - - - - - - - 150毫升
细砂糖 - - - - - - - 10克
冷开水 - - - - - - - 150毫升
冰块 - - - - - - - 用杯⅓杯

做法

1 将熟红薯放入杯中，备用。
2 将熟红薯、鲜奶、细砂糖、冷开水及冰块，放入冰沙机中，一起搅打均匀。
3 倒入杯中，盖上杯盖（或封口）即可。

温馨提示

蒸红薯比较费时，要事先备料。煮法为：红薯洗净切块后放入蒸锅中，蒸熟后备用。

↗ 番茄牛奶

材料

小番茄 - - - - - - 120克
鲜奶 - - - - - - - 150毫升
细砂糖 - - - - - - 10克
冷开水 - - - - - - 100毫升
冰块 - - - - - - - 用杯⅓杯

做法

1 将小番茄放入杯中，备用。
2 将小番茄、鲜奶、细砂糖、冷开水及冰块放入冰沙机中，一起搅打均匀。
3 倒入杯中，盖上杯盖（或封口）即可。

温馨提示

番茄建议用小番茄。

↙ 番石榴柠檬

材料

番石榴块 - - - - - - 150克
细砂糖 - - - - - - - 10克
柠檬原汁 - - - - - - 15毫升
冷开水 - - - - - - - 200毫升
冰块 - - - - - - - 用杯⅓杯

做法

1 将番石榴块放入杯中，备用。
2 将番石榴、细砂糖、柠檬原汁、冷开水及冰块放入冰沙机中，一起搅打均匀。
3 倒入杯中，盖上杯盖（或封口）即可。

温馨提示

番石榴要连同籽切块，籽是番石榴最甜的地方，千万不要丢掉。

西瓜菠萝汁

材料

西瓜块 - - - - - - - 250克
菠萝块 - - - - - - 50克
细砂糖 - - - - - - 10克
冷开水 - - - - - - 100毫升
冰块 - - - - - - - 用杯⅓杯

做法

1 将西瓜块、菠萝块放入杯中，备用。
2 将西瓜块、菠萝块、细砂糖、冷开水及冰块放入冰沙机中，一起搅打均匀。
3 倒入杯中，盖上杯盖（或封口）即可。

牛油果香蕉汁

材料

牛油果 - - - - - - - 90克
香蕉 - - - - - - - 30克
鲜奶 - - - - - - - 150毫升
细砂糖 - - - - - - 10克
冷开水 - - - - - - 150毫升
冰块 - - - - - - - 用杯⅓杯

做法

1 牛油果切半后用汤匙取下果肉；香蕉剥去外皮，切成块，备用。
2 将2种水果、鲜奶、细砂糖、冷开水及冰块放入冰沙机中，一起搅打均匀。
3 倒入杯中，盖上杯盖（或封口）即可。

温馨提示

1 牛油果、香蕉水分含量少、黏稠度较高，稠度可依个人喜好加入冷开水。
2 牛油果和香蕉先备好会氧化变黑，建议现切现做。

菠萝柳橙汁

材料

菠萝块	100克
柳橙原汁	100毫升
柠檬原汁	15毫升
细砂糖	10克
冷开水	120毫升
冰块	用杯½杯

做法

1 将菠萝块放入杯中，备用。
2 将菠萝块、2种水果原汁、细砂糖、冷开水及冰块放入冰沙机中，一起搅打均匀。
3 倒入杯中，盖上杯盖（或封口）即可。

菠萝猕猴桃汁

材料

菠萝块	100克
猕猴桃肉块	1颗
柠檬原汁	15毫升
细砂糖	10克
冷开水	150毫升
冰块	用杯½杯

做法

1 将菠萝块、猕猴桃肉块放入杯中，备用。
2 将2种水果、柠檬原汁、细砂糖、冷开水及冰块放入冰沙机中，一起搅打均匀。
3 倒入杯中，盖上杯盖（或封口）即可。

猕猴桃柳橙汁

材料

柳橙原汁	250毫升
果糖	20毫升
猕猴桃肉块	1颗
冷开水	100毫升
冰块	用杯⅓杯

做法

1 将猕猴桃肉块放入杯中，备用。
2 将柳橙原汁与果糖拌匀，备用。
3 将猕猴桃肉块、冷开水及冰块放入冰沙机中，一起搅打均匀。
4 将柳橙汁倒入杯中后，再倒入猕猴桃汁即可。

温馨提示

❶ 这道饮品以双层呈现，糖的部分要用果糖，甜度才够。
❷ 猕猴桃搅打的时间约30秒，打过久会让猕猴桃籽变成碎末，影响色泽与口感。

126

火龙果番石榴汁

材料

番石榴块	120克
果糖	30毫升
火龙果肉块	30克
冷开水	260毫升
冰块	少许
碎冰	用杯七分满

做法

1 将番石榴块放入杯中，备用。
2 将番石榴、冷开水60毫升、果糖及冰块放入冰沙机中，一起搅打均匀。
3 将火龙果块、冷开水200毫升放入果汁机中，一起搅打均匀。
4 将打好的的番石榴汁倒入瓶中后，加入碎冰，最后再倒入火龙果汁即可。

温馨提示

❶ 蔬果汁除了利用比重分层外，还可在中间放入冰块减缓冲力，达到分层效果。
❷ 红肉火龙果容易配色，又没有太浓郁的味道，很适合用于分层搭配。

蓝莓火龙果酸奶

材料

A蓝莓 - - - - - 20克
酸奶 - - - - - 75毫升
鲜奶 - - - - - 30毫升
果糖 - - - - - 10毫升
冰块 - - - - - 用杯满杯
B火龙果肉块 - - - 20克
酸奶 - - - - - 75毫升
鲜奶 - - - - - 30毫升
果糖 - - - - - 10毫升
冰块 - - - - - 用杯满杯
C酸奶 - - - - - 适量

做法

1 将材料A放入冰沙机中，搅打
至呈绵细状，倒入杯中，加入
酸奶，备用。
2 将材料B放入冰沙机中，搅
打至呈绵细状，倒入做法1
杯中，盖上杯盖（或封口）
即可。

> **温馨提示**
> 中间的酸奶要有一定的高度，
> 才不会被上面的果汁压扁。

葡萄柚多多

材料

葡萄柚原汁 - - - - - 100毫升
养乐多 - - - - - 100毫升
果糖 - - - - - 20毫升
冷开水 - - - - - 50毫升
冰块 - - - - - 用杯满杯

做法

1 将冰块装入摇酒器中，放入葡萄柚原汁、养乐
多、果糖及冷开水，盖上杯盖，上下摇匀至摇
酒器的杯身产生雾气。
2 倒入杯中，盖上杯盖（或封口）即可。

其他口味多多类果汁1↓

品种	分量	材料	做法
柠檬多多	500毫升	柠檬原汁50毫升、养乐多150毫升、果糖20毫升、冷开水100毫升、冰块用杯满杯	同葡萄柚多多，但需将葡萄柚原汁换成柠檬原汁
苹果多多	500毫升	苹果果肉150克、养乐多150毫升、细砂糖10克、冷开水100毫升、冰块用杯满杯	同葡萄柚多多，但将葡萄柚原汁换成苹果、果糖换成细砂糖。全部材料放入冰沙机搅打均匀

☜ 蔓越莓苹果多多

材料

蔓越莓 - - - - - - - 30克
苹果块 - - - - - - - 100克
菠萝块 - - - - - - - 50克
养乐多 - - - - - - - 100毫升
细砂糖 - - - - - - - 15克
冷开水 - - - - - - - 150毫升
冰块 - - - - - - - 用杯⅓杯

温馨提示

苹果去皮后易氧化变色，最好现切现打，如要事先切块必须浸泡在盐水中约3分钟，可保持苹果约4小时不变色。

做法

1 将3种水果放入杯中，备用。
2 将3种水果、养乐多、细砂糖、冷开水及冰块放入冰沙机中，一起搅打均匀。
3 倒入杯中，盖上杯盖（或封口）即可。

128 ▲

☜ 番茄菠萝多多

材料

小番茄 - - - - - - - 150克
菠萝块 - - - - - - - 50克
养乐多 - - - - - - - 100毫升
细砂糖 - - - - - - - 15克
冷开水 - - - - - - - 150毫升
冰块 - - - - - - - 用杯⅓杯

做法

1 将小番茄、菠萝块放入杯中，备用。
2 将2种水果、养乐多、细砂糖、冷开水及冰块放入冰沙机中，一起搅打均匀。
3 倒入杯中，盖上杯盖（或封口）即可。

其他口味多多类果汁2↓

品种	分量	材料	做法
草莓多多	500毫升	草莓80克、养乐多60毫升、细砂糖10克、冷开水180毫升、冰块用杯⅓杯	将所有材料放入冰沙机中，搅打均匀
菠萝多多	500毫升	菠萝150克、养乐多60毫升、细砂糖10克、冷开水180毫升、冰块用杯⅓杯	将所有材料放入冰沙机中，搅打均匀

↙ 百香爱玉

材料

爱玉冻 - - - - - - - 2大匙 / 3大匙
百香果原汁 - - - - - 40毫升 / 60毫升
柠檬原汁 - - - - - - 10毫升 / 15毫升
百香果调味糖浆 - - - 30毫升 / 45毫升
冷开水 - - - - - - - 150毫升 / 200毫升
冰块 - - - - - - - 摇酒器七分满

温馨提示

这道饮品中增添的柠檬原汁可让百香果不会太腻，味道更有层次。

做法

1 将爱玉冻舀入杯中，备用。
2 将冰块装入摇酒器中，放入2种水果原汁、百香果调味糖浆及冷开水，盖上杯盖，上下摇匀至摇酒器的杯身产生雾气。
3 倒入做法1中，盖上杯盖（或封口）即可。

↗ 橙香乳酸 芦荟饮

材料

芦荟 - - - - - - - - 2大匙 / 3大匙
柳橙原汁 - - - - - - 90毫升 / 120毫升
养乐多 - - - - - - 60毫升 / 80毫升
果糖 - - - - - - - 15毫升 / 20毫升
冷开水 - - - - - - - 150毫升 / 200毫升
冰块 - - - - - - - 摇酒器七分满

做法

1 将芦荟舀入杯中，备用。
2 将冰块装入摇酒器中，放入柳橙原汁、养乐多、果糖及冷开水，盖上杯盖，上下摇匀至摇酒器的杯身产生雾气。
3 倒入做法1中，盖上杯盖（或封口）即可。

其他口味乳酸芦荟饮↓

品种	分量	材料	做法
柠檬乳酸芦荟饮	500毫升	芦荟2大匙、柠檬原汁30毫升、养乐多40毫升、果糖15毫升、冷开水200毫升、冰块摇酒器七分满	做法同橙香乳酸芦荟饮，但需将柳橙原汁换成柠檬原汁
	700毫升	芦荟3大匙、柠檬原汁40毫升、养乐多60毫升、果糖20毫升、冷开水250毫升、冰块摇酒器七分满	

↗ 特调蛋蜜汁

材料

柳橙原汁 - - - - - -	150毫升
柠檬原汁 - - - - - -	30毫升
蛋黄 - - - - - - -	1颗
百香果露 - - - - -	15毫升
荔枝果露 - - - - -	15毫升
蜂蜜 - - - - - -	20毫升
冰块 - - - - - -	摇酒器半杯

做法

1 将冰块装入摇酒器中，依次加入2种果汁、蛋黄、2种果露及蜂蜜，盖上杯盖，上下摇匀至摇酒器的杯身产生雾气。
2 倒入杯中，盖上杯盖（或封口）即可。

温馨提示

❶ 可用柳橙片、小伞装饰，以增加视觉效果。
❷ 蜂蜜要最后放入，一开始加入会粘在冰块上，不易摇散。

130

↙ 芬兰汁

材料

柠檬原汁 - - - - - -	20毫升
菠萝调味糖浆 - - - -	30毫升
红石榴调味糖浆 - - -	20毫升
可尔必思 - - - - -	20毫升
奶精球 - - - - - - -	1颗
冷开水 - - - - - -	180毫升
蜂蜜 - - - - - - -	10毫升
冰块 - - - - - - -	摇酒器八分满

做法

1 将冰块装入摇酒器中，依次加入柠檬原汁、2种调味糖浆、可尔必思、奶精球、冷开水及蜂蜜，盖上杯盖，上下摇匀至摇酒器的杯身产生雾气。
2 倒入杯中，盖上杯盖（或封口）即可。

雪泡

↗ 青苹果雪泡

材料

雪泡奶精 - - - - - - - 2匙 / 3匙
热水 - - - - - - - - - 150毫升 / 200毫升
青苹果调味糖浆 - - - 40毫升 / 50毫升
冰块 - - - - - - - - 摇酒器满杯

做法

1 将雪泡奶精、热水放入摇酒器中搅拌均匀
　后，再加入青苹果调味糖浆、冰块，盖上杯
　盖，上下摇匀至摇酒器的杯身产生雾气。
2 倒入杯中，盖上杯盖（或封口）即可。

↙ 柠檬雪泡

材料

雪泡奶精 - - - - - - - 2匙 / 3匙
热水 - - - - - - - - - 150毫升 / 200毫升
柠檬调味糖浆 - - - - 40毫升 / 50毫升
冰块 - - - - - - - - 摇酒器满杯

做法

1 将雪泡奶精、热水放入摇酒器中搅拌均匀
　后，再加入柠檬调味糖浆、冰块，盖上杯
　盖，上下摇匀至摇酒器的杯身产生雾气。
2 倒入杯中，盖上杯盖（或封口）即可。

其他口味雪泡↓

品种	分量	材料	做法
百香 / 草莓 / 菠萝 / 乌梅 / 金橘 / 蓝莓 / 水蜜桃 / 青苹果 / 葡萄 / 蔓越莓雪泡	500毫升	雪泡奶精2匙、热水150毫升、调味糖浆40毫升、冰块摇酒器满杯	同青苹果雪泡，但需将青苹果调味糖浆替换成其他同等分量的调味糖浆
	700毫升	雪泡奶精3匙、热水200毫升、调味糖浆50毫升、冰块摇酒器满杯	

↙ 柳橙雪泡

材料

雪泡奶精－－－－－－－2匙／3匙
热水－－－－－－－150毫升／200毫升
柳橙调味糖浆－－－40毫升／50毫升
冰块－－－－－－－摇酒器满杯

做法

1 将雪泡奶精、热水放入摇酒器中搅拌均匀后，再加入柳橙调味糖浆、冰块，盖上杯盖，上下摇匀至摇酒器的杯身产生雾气。
2 倒入杯中，盖上杯盖（或封口）即可。

↙ 玫瑰雪泡

材料

雪泡奶精－－－－－－2匙／3匙
热水－－－－－－－150毫升／200毫升
玫瑰花酿调味糖浆－－－40毫升／50毫升
冰块－－－－－－－摇酒器满杯

做法

1 将雪泡奶精、热水放入摇酒器中搅拌均匀后，再加入玫瑰花酿调味糖浆、冰块，盖上杯盖，上下摇匀至摇酒器的杯身产生雾气。
2 倒入杯中，盖上杯盖（或封口）即可。

↘ 薰衣草雪泡

材料

雪泡奶精－－－－－－2匙／3匙
热水－－－－－－－150毫升／200毫升
薰衣草调味糖浆－－－40毫升／50毫升
冰块－－－－－－－摇酒器满杯

做法

1 将雪泡奶精、热水放入摇酒器中搅拌均匀后，再加入薰衣草调味糖浆、冰块，盖上杯盖，上下摇匀至摇酒器的杯身产生雾气。
2 倒入杯中，盖上杯盖（或封口）即可。

第 7 章

coffee

浓郁的

+香醇咖啡

做咖啡前必知的事

咖啡会使用到奶泡，鲜奶越冰越容易打成奶泡。如欲制作热咖啡，则必须用热奶泡，鲜奶要先加热。使用蒸汽管则可直接加热；如用手拉奶泡壶，则可连同奶泡壶以隔水加热的方式加热至60℃。

冰咖啡

↗ 特调冰咖啡

材料

意式浓缩咖啡 - - - - - 60毫升
奶精粉 - - - - - - - 3匙
热水 - - - - - - - - 120毫升
炼乳 - - - - - - - - 15毫升
果糖 - - - - - - - - 15毫升
冰块 - - - - - - - - 摇酒器九分满

做法

1 将奶精粉、意式浓缩咖啡、热水放入摇酒器中，搅拌均匀，再加入冰块、炼乳、果糖，盖上杯盖，上下摇匀至摇酒器的杯身产生雾气。
2 倒入杯中，盖上杯盖（或封口）即可。

↙ 冰浓缩咖啡

材料

意式浓缩咖啡 - - - - - 60毫升
冰块 - - - - - - - - 用杯八分满

做法

将冰块装入杯中，倒入意式浓缩咖啡，盖上杯盖（或封口）即可。

↗ 冰拿铁咖啡

材料

意式浓缩咖啡 - - - - - 60毫升
鲜奶 - - - - - - - - 150毫升
果糖 - - - - - - - - 20毫升
冰块 - - - - - - - - 适量

做法

1 将鲜奶和果糖倒入杯中，拌匀。
2 冰块加入做法 1 中，慢慢倒入意式浓缩咖啡，盖上杯盖（或封口）即可。

↙ 冰抹茶拿铁咖啡

材料

意式浓缩咖啡 - - - - - 60毫升
鲜奶 - - - - - - - - 150毫升
抹茶粉 - - - - - - - 1.5大匙
果糖 - - - - - - - - 15毫升
冰块 - - - - - - - - 用杯八分满
发泡鲜奶油 - - - - - 适量

做法

1 将50毫升鲜奶加入抹茶粉，使用意式咖啡机蒸汽管加热后，搅拌均匀备用。
2 将100毫升鲜奶倒入杯中，加入果糖拌匀，加入冰块。
3 续倒入做法 1 的抹茶奶，再慢慢倒入意式浓缩咖啡，挤上发泡鲜奶油后，撒上少许抹茶粉装饰，盖上杯盖（或凸盖）即可。

↘ 冰珍珠
拿铁咖啡

材料

意式浓缩咖啡 - - - - 60毫升
珍珠 - - - - - - - 2匙
果糖 - - - - - - 15毫升
冰鲜奶 - - - - - - 150毫升
冰块 - - - - - - 用杯满杯

做法

1 将珍珠舀入杯中，放入冰块，备用。
2 鲜奶和果糖倒入钢杯中，拌匀，再倒入做法1
的杯中，慢慢倒入意式浓缩咖啡，盖上杯盖
（或封口）即可。

↘ 冰榛果
拿铁咖啡

材料

意式浓缩咖啡 - - - - 60毫升
榛果果露 - - - - - 15毫升
冰鲜奶 - - - - - 150毫升
冰块 - - - - - - 用杯满杯

做法

1 将冰块装入杯子中备用。
2 将意式浓缩咖啡、榛果果露放入钢杯中搅拌均
匀，倒入做法1的杯中，再加入鲜奶至九分
满，盖上杯盖（或封口）即可。

136

冰珍珠 + 咖啡拿铁
冰榛果 + 咖啡拿铁

↗ 冰卡布奇诺

材料

意式浓缩咖啡 - - - - -60毫升
果糖 - - - - - - -15毫升
鲜奶油 - - - - - -20毫升
冰鲜奶 - - - - - -150毫升
冰块 - - - - - - -用杯满杯

做法

1 将冰块装入杯中备用。
2 将意式浓缩咖啡、果糖、鲜奶油放入钢杯中搅拌均匀，再倒入做法1的杯子中，加入鲜奶至九分满，盖上杯盖（或封口）即可。

温馨提示

 鲜奶必须使用冰镇的，平常必须存放在冰箱中，需要使用再从冰箱取出。
 这道咖啡奶味要重，所以要加鲜奶油提味。

↙ 黑糖珍珠 拿铁咖啡

材料

意式浓缩咖啡 - - - - -60毫升
鲜奶 - - - - - - -250毫升
蜜黑糖珍珠 - - - - -2匙
冰块 - - - - - - -用杯八分满

做法

1 将黑糖珍珠舀入杯中，备用。
2 将鲜奶倒入奶泡壶中，打出奶泡。
3 将奶泡中的鲜奶缓缓倒入做法1中，再加入冰块、3厘米奶泡，慢慢倒入意式浓缩咖啡，加入打好的奶泡至满杯，盖上杯盖（或凸盖）即可。

↗ 冰摩卡
奇诺咖啡

材料

意式浓缩咖啡 - - - - 60毫升
巧克力酱 - - - - - - 20克
冰鲜奶 - - - - - - - 120毫升
发泡鲜奶油 - - - - - 适量
巧克力酱 - - - - - - 少许
冰块 - - - - - - - - 用杯满杯

做法

1 将冰块装入杯中备用。

2 将意式浓缩咖啡、巧克力酱放入做法1的杯子中，拌匀，倒入鲜奶至八分满，挤上发泡鲜奶油，淋上巧克力酱，再盖上杯盖（或凸盖）即可。

↙ 冰焦糖
玛奇朵咖啡

材料

意式浓缩咖啡 - - - - 60毫升
焦糖果露 - - - - - - 15毫升
冰鲜奶 - - - - - - - 100毫升
奶泡 - - - - - - - - 适量
焦糖酱 - - - - - - - 少许
冰块 - - - - - - - - 用杯八分满

做法

1 将冰块装入杯中备用。

2 将意式浓缩咖啡、焦糖果露放入做法1的杯子中，拌匀，再倒入鲜奶至八分满，舀入奶泡，淋上焦糖酱，再盖上杯盖（或凸盖）即可。

↗ 西西里冰咖啡

材料

冰美式咖啡 - - - - - 500毫升
柠檬片 - - - - - - - 2片
砂糖 - - - - - - - - 适量

做法

1 将冰美式咖啡倒入杯中，放入1片柠檬片，备用。
2 用小竹扦串起1片柠檬片，撒上砂糖装饰。

↙ 焦糖咖啡冻饮

材料

咖啡冻 - - - - - - - 2大匙
焦糖果露 - - - - - - 15毫升
意式浓缩咖啡 - - - - 60毫升
鲜奶 - - - - - - - - 150毫升
冰块 - - - - - - - 用杯满杯
发泡鲜奶油 - - - - - 适量

做法

1 将一半咖啡冻舀入杯中，再加入焦糖果露，拌匀备用。
2 将冰块加入做法1中，加入意式浓缩咖啡，再倒入鲜奶至八分满，搅拌均匀，挤上发泡鲜奶油，放上另一半咖啡冻，盖上杯盖（或凸盖）即可。

热咖啡

↗ 特调热咖啡（热）

材料

意式浓缩咖啡 - - - - 45毫升 / 60毫升
奶精粉 - - - - - - - 2匙 / 3匙
炼乳 - - - - - - - 10毫升 / 15毫升
热水 - - - - - - - 250毫升 / 300毫升

做法

将意式浓缩咖啡、奶精粉倒入杯中，搅拌均匀，再加入炼乳、热水，盖上杯盖（或凸盖），附上糖包和搅拌棒即可

↙ 香草拿铁咖啡（热）

材料

意式浓缩咖啡 - - - - -45毫升 / 60毫升
香草果露 - - - - - - -15毫升 / 20毫升
鲜奶 - - - - - - - -250毫升

做法

1 将意式浓缩咖啡、香草果露倒入杯中，拌匀备用。
2 将鲜奶倒入奶泡壶中，隔水加热至60℃，打出奶泡，将奶泡中的鲜奶缓缓的倒入做法1的杯子中至八分满。
3 再舀入奶泡至满，盖上杯盖（或凸盖），附上糖包和搅拌棒即可。

↙ 焦糖玛奇朵咖啡（热）

材料

意式浓缩咖啡 - - - - 45毫升 / 60毫升
焦糖果露 - - - - - - 15毫升 / 20毫升
鲜奶 - - - - - - - - - 250毫升
焦糖酱 - - - - - - - - 少许

做法

1 将意式浓缩咖啡、焦糖果露倒入杯中，拌匀备用。

2 将鲜奶倒入奶泡壶中，隔水加热至60℃，打出奶泡，将奶泡中的鲜奶缓缓的倒入做法1的杯子中至八分满。

3 再舀入奶泡至满，淋上焦糖酱，盖上杯盖（或凸盖），附上糖包和搅拌棒即可。

↙ 卡布奇诺（热）

材料

意式浓缩咖啡 - - - - 45毫升 / 60毫升
冰鲜奶 - - - - - - - 250毫升
糖包 - - - - - - - - 1包

做法

1 将意式浓缩咖啡倒入杯中备用。

2 将鲜奶倒入奶泡壶中，隔水加热至60℃，打出奶泡，将奶泡中的鲜奶缓缓的倒入做法1的杯子中至八分满。

3 再舀入奶泡至满，盖上杯盖（或凸盖），附上糖包和搅拌棒即可。

↘ 肉桂卡布（热）

材料

意式浓缩咖啡 - - - - 45毫升 / 60毫升
肉桂果露 - - - - - - 15毫升 / 20毫升
鲜奶 - - - - - - - - - 250毫升
肉桂粉 - - - - - - - 适量
柠檬屑 - - - - - - - 适量

做法

1 将意式浓缩咖啡倒入杯中后，加入肉桂果露，拌匀。

2 将鲜奶隔水加热至60℃后，倒入奶泡壶中，打出奶泡，将奶泡中的鲜奶倒入做法1杯中至3厘米。

3 再舀入打好的奶泡至满杯，撒上肉桂粉以及柠檬屑，盖上杯盖（或凸盖）即可。

↗哈密瓜拿铁咖啡(热)

材料
意式浓缩咖啡 - - - - 45毫升 / 60毫升
鲜奶 - - - - - - - 250毫升
哈密瓜果露 - - - - - 15毫升 / 20毫升

做法
1. 将鲜奶倒入奶泡壶中，隔水加热至60℃，打出奶泡。
2. 将哈密瓜果露倒入杯中，缓缓倒入奶泡中的鲜奶，放一根汤匙隔离果露，至八分满，取出汤匙。
3. 倒入3厘米奶泡后，再倒入意式浓缩咖啡，加入打好的奶泡至满杯，盖上杯盖（或凸盖）即可。

> **温馨提示**
> 倒咖啡时，注意不可提太高以免咖啡冲力过大冲乱层次。

↙印度香茶摩卡(热)

材料
意式浓缩咖啡 - - - - 45毫升 / 60毫升
鲜奶 - - - - - - - 250毫升
巧克力果露 - - - - - 15毫升 / 20毫升
香茶果露 - - - - - 15毫升 / 20毫升
防潮可可粉 - - - - - 适量

做法
1. 将意式浓缩咖啡、巧克力果露拌匀备用。
2. 将鲜奶倒入奶泡壶中，隔水加热至60℃，打出奶泡。
3. 将香茶果露倒入杯中，缓缓倒入奶泡中的鲜奶，放一根汤匙隔离果露，至八分满，取出汤匙。
4. 倒入3厘米奶泡，再倒入做法1的咖啡，加入打好的奶泡至满杯，撒上防潮可可粉装饰，盖上杯盖（或凸盖）即可。

↗ 独爱牛轧糖（热）

材料

意式浓缩咖啡 - - - - -45毫升 / 60毫升
鲜奶 - - - - - - - -250毫升
牛轧糖果露 - - - - -15毫升 / 20毫升
黑糖粉 - - - - - - -适量
柠檬屑 - - - - - - -适量

做法

1 鲜奶倒入奶泡壶中，隔水加热至60℃，打出奶泡。
2 将牛轧糖果露倒入杯中，缓缓倒入奶泡中的鲜奶，放一根汤匙隔离果露，至八分满，取出汤匙。
3 倒入3厘米奶泡后，再倒入意式浓缩咖啡，加入打好的奶泡至满杯，撒上黑糖粉，用柠檬屑装饰，盖上杯盖（或凸盖）即可。

↙ 黑米花
玛奇朵（热）

材料

意式浓缩咖啡 - - - - -45毫升 / 60毫升
鲜奶 - - - - - - - -250毫升
爆米花果露 - - - - -15毫升 / 20毫升
爆米花 - - - - - - -适量

做法

1 将鲜奶倒入奶泡壶中，隔水加热至60℃，打出奶泡。
2 将爆米花果露倒入杯中，缓缓倒入奶泡中的鲜奶，放一根汤匙隔离果露，至八分满，取出汤匙。
3 倒入3厘米奶泡，再倒入意式浓缩咖啡，加入打好的奶泡至满杯，撒上爆米花，盖上杯盖（或凸盖）即可。

↙ 香蕉奇诺（热）

材料

香蕉果露 - - - - - - -15毫升 / 20毫升
鲜奶 - - - - - - - -250毫升
意式浓缩咖啡 - - - - -45毫升 / 60毫升
防潮可可粉 - - - - -适量

做法

1 将鲜奶倒入奶泡壶中，隔水加热至60℃，打出奶泡。
2 将香蕉果露倒入杯中，缓缓倒入奶泡中的鲜奶，放一根汤匙隔离果露，至七分满，取出汤匙。
3 倒入3厘米奶泡后，再倒入意式浓缩咖啡，加入打好的奶泡至满杯，撒上可可粉，盖上杯盖（或凸盖）即可。

↙ 英式草莓拿铁咖啡（热）

材料

意式浓缩咖啡 - - - - -45毫升 / 60毫升
鲜奶 - - - - - - - -250毫升
草莓果露 - - - - - -15毫升 / 20毫升

做法

1 将鲜奶倒入奶泡壶中，隔水加热至60℃，打出奶泡。
2 将草莓果露倒入杯中，缓缓倒入奶泡中的鲜奶，放一根汤匙隔离果露，至七分满，取出汤匙。
3 倒入3厘米奶泡后，再倒入意式浓缩咖啡，加入打好的奶泡至满杯，盖上杯盖（或凸盖）即可。

↘ 杏仁巧克力拿铁咖啡（热）

材料

意式浓缩咖啡 - - - - -45毫升 / 60毫升
鲜奶 - - - - - - - -250毫升
巧克力果露 - - - - - -10毫升 / 15毫升
杏仁果露 - - - - - -15毫升 / 20毫升
杏仁角 - - - - - - -适量

做法

1 将鲜奶倒入奶泡壶中，隔水加热至60℃，打出奶泡。
2 将2种果露倒入杯中，缓缓倒入奶泡中的鲜奶，放一根汤匙隔离果露，至八分满，取出汤匙。
3 倒入3厘米奶泡后，再倒入意式浓缩咖啡，加入打好的奶泡至满杯，撒上杏仁角装饰，盖上杯盖（或凸盖）即可。